从 新 手 到 高 手

Final Cut Pro X
从新手到高手

张洁 / 编著

清华大学出版社

北京

内 容 简 介

本书定位于Final Cut Pro X软件初学者。书中通过大量的实例展示与详细的步骤操作，从工具操作等基本技能到制作综合实例的完整流程，深入讲解了Final Cut Pro X软件知识。

本书共分为13章，从最基本的Final Cut Pro X软件界面介绍开始，逐步深入到视频编辑的基本方法，进而讲解视频剪辑技术、滤镜与转场、抠像与合成、视频校色、字幕、音频效果、影片输出与项目管理等Final Cut Pro X软件核心功能和应用方法，最后通过4个综合实例，使读者能综合所学软件基础，灵活地将所学运用到实际工作中去。

本书适合影视制作、影视后期处理、视频特效制作、音频声效处理等行业的从业人员，也可以作为相关院校的教材或参考资料。

图书在版编目(CIP)数据

Final Cut Pro X 从新手到高手 / 张洁编著 . —北京：清华大学出版社，2020.7
（从新手到高手）

ISBN 978-7-302-55556-8

Ⅰ . ① F··· Ⅱ . ①张··· Ⅲ . ①视频编辑软件 Ⅳ . ① TN94

中国版本图书馆 CIP 数据核字 (2020) 第 086441 号

责任编辑：陈绿春
封面设计：潘国文
版式设计：方加青
责任校对：胡伟民
责任印制：宋 林

出版发行：清华大学出版社
  网 址：http://www.tup.com.cn，http://www.wqbook.com
  地 址：北京清华大学学研大厦 A 座   邮 编：100084
  社 总 机：010-62770175   邮 购：010-83470235
  投稿与读者服务：010-62776969，c-service@tup.tsinghua.edu.cn
  质 量 反 馈：010-62772015，zhiliang@tup.tsinghua.edu.cn
印 装 者：三河市龙大印装有限公司
经 销：全国新华书店
开 本：188mm×260mm 印 张：15.25 字 数：455 千字
版 次：2020 年 9 月第 1 版 印 次：2020 年 9 月第 1 次印刷
定 价：88.00 元

产品编号：085500-01

Final Cut Pro X是苹果公司推出的一款操作简单、功能强大的视频编辑软件，其精美、简洁的操作界面和强大的视频处理功能，带给用户全新的创作体验，本书所讲解的软件版本为Final Cut Pro X 10.4.6。

一、编写目的

基于Final Cut Pro X软件强大的视频处理能力，力图编写一本全方位介绍Final Cut Pro X软件操作方法与使用技巧的工具书。本书以基础知识+功能详解＋实战操作的形式编写，在详细讲解基础操作的同时，鼓励读者动手操作，以帮助读者逐步掌握并能灵活使用Final Cut Pro X软件。

二、本书内容安排

本书共分为13章，精心安排了数百个极具针对性和实用性的案例，内容从Final Cut Pro X的入门操作，延伸到复杂的分屏遮罩动画、开场动画、相册和节目动画制作等，内容丰富，涵盖面广，可以帮助读者轻松掌握Final Cut Pro X软件的使用技巧和具体应用。

本书的内容安排具体如下。

章　　名	内 容 安 排
第1章 认识 Final Cut Pro X	本章介绍 Final Cut Pro X 的入门知识，包括 Final Cut Pro X 的工作流程、Final Cut Pro X 工作区介绍、工作区的基本操作和素材的采集等
第2章 项目与文件的基本操作	本章讲解资源库的设置、事件设置、项目的基本设置、媒体导入、片段的整理与筛选、片段的预览等内容
第3章 视频剪辑技法	本章主要介绍磁性时间线区域的基本操作，包括创建试演片段、复合片段、添加和编辑静止图像、调整影片速度、多机位剪辑等内容
第4章 滤镜与转场	本章主要介绍视频滤镜与转场的应用，包括为滤镜设置关键帧动画、使用转场、转场的设置等内容
第5章 动画与合成	本章主要介绍动画与合成的相关操作，包括利用关键帧控制运动参数、抠像技术、视频的合成等内容
第6章 色彩校正视频	本章主要介绍一级色彩校正、二级色彩校正等内容

章　名	内　容　安　排
第 7 章 字幕与发生器	本章主要讲解字幕与发生器的应用，包括制作字幕、FCPX 与 Motion 的协同工作、主题与发生器等内容
第 8 章 音频效果	本章详细介绍音频效果的应用，包括音频的控制、在检查器中查看与控制音量、修剪音频片段、音频效果的使用等内容
第 9 章 影片输出与项目管理	本章详细介绍影片输出与项目管理的相关操作，包括影片输出、母版文件的输出与共享、导出静态图像、使用 Compressor 输出文件、管理项目等内容
第 10 章 综合实例——美妆切屏展示动画	本章以案例的形式呈现美妆切屏展示动画的制作，详细讲解该项目故事情节制作、形状效果制作、创建字幕效果和编辑音乐等操作
第 11 章 综合实例——城市运动宣传片	本章以案例的形式呈现城市运动宣传片的制作，详细讲解该项目故事情节制作、形状效果制作、创建字幕效果和编辑音乐等操作
第 12 章 综合实例——时尚动感旅游相册	本章以案例的形式呈现时尚动感旅游相册的制作，详细讲解该项目故事情节制作、创建字幕效果和编辑音乐等操作
第 13 章 综合实例——美食栏目宣传视频	本章以案例的形式呈现美食栏目宣传视频的制作，详细讲解该项目片头效果制作、主体效果制作、片尾效果制作和编辑音乐等操作

三、本书特色

本书以通俗易懂的语言，结合实用性极强的操作实例，全面、深入地讲解Final Cut Pro X这款功能强大、应用广泛的视频处理软件。总的来说，本书具有如下特点。

● **由易到难，轻松学习**

本书完全站在初学者的立场，由浅入深地对Final Cut Pro X的常用工具、功能、技术要点进行了详细、全面的讲解。实例涵盖面广泛，从基本内容到行业应用均有涉及，多加联系思考，可满足用户绝大多数的设计需求。

● **全程图解，一看即会**

本书通过全程图解，配合实例操作的方式，以图为主、文字为辅进行讲解。通过这些插图，让读者方便地学习，快速掌握软件的相关操作。

● **知识点全，一网打尽**

除了对基本内容的讲解，在书中的操作步骤中，分布了实用性极强的"提示"，用于对相应概念、操作技巧和注意事项等进行深层次的解读。因此本书可以说是一本不可多得的、能全面提升读者Final Cut Pro X技能的练习手册。

四、配套资源下载

本书的相关视频教学和配套素材请扫描右侧的二维码进行下载。

如果在配套资源的下载过程中碰到问题，请联系陈老师，邮箱为 chenlch@tup.tsinghua.edu.cn。

视频教学　　　　配套素材

五、技术支持

技术支持

　　在编写本书的过程中，编者以科学、严谨的态度，力求精益求精，但疏漏之处在所难免，如果有任何技术上的问题，请扫描右侧的二维码，联系相关的技术人员进行解决。

张洁

2020年6月

目录

第8章 ▶ 音频效果

第9章 ▶ 影片输出与项目管理

一部优秀的影片往往需要经过多次的剪辑。通过Final Cut Pro X软件，可以修剪影片中不完美的部分，并对镜头进行调整与重组，从而帮助我们简单高效地完成影片的制作。

本章介绍Final Cut Pro X软件的各种基础操作，具体内容包含了解软件功能特色、认识工作区、掌握素材采集等基本操作。通过本章的学习，读者可以初步了解并掌握Final Cut Pro X这款软件的应用。

本章重点

- 新建资源库
- 视频规格设置
- 工作区的基本操作
- 素材的采集

1.1　Final Cut Pro X软件概述

Final Cut Pro X是苹果公司推出的视频编辑与制作软件，该软件支持更大的帧尺寸，让内存处理更多的帧数，可以呈现出强烈的多层次效果。本节详细讲解Final Cut Pro X软件的基础知识。

1.1.1　Final Cut Pro X的功能特色

Final Cut Pro X软件是一款引领时代的视频编辑软件。该软件采用64位架构，打破了32位软件只可调研4GB RAM的限制，能充分释放电脑性能。相较之前的版本，Final Cut Pro X版本新增了多机位剪辑、片段连接、3D字幕等新功能，下面进行具体介绍。

1. "多声道音频剪辑"功能

"多声道音频剪辑"功能可以直接在"磁性时间线"窗口中深入地洞察音频，且只需一次简单的按键操作，即可将音频文件展开，便于用户看到其中单独的组件。通过该功能可以轻松启用或停用全部声道，还可以使用嵌入式音频渐变控制柄来快速实现平滑转场。

2. "多机位剪辑"功能

Final Cut Pro X软件提供了多机位剪辑功能，通过64位引擎帮助用户实时处理多种格式、帧尺寸和帧频。通过使用音频波形来自动同步多达64个角度的视频，可以轻松创建多机位片段，也可以选择自定义同步选项，按照时间日期、时间码或标记来精确对齐素材或照片。

如果要调整多机位片段，只需在角度编辑器时间线中双击将其打开，从而对个别源片段进行移动、同步、修剪、添加音效或调色等操作。

3. "片段连接"功能

通过"片段连接"功能，可以将相关联的音频、视频等片段归整在一起，使其成为一个整体。等到再进行移动操作时，可以将关联的素材整体移动；如果要单独移动某个片段，则可以通过辅助按键断开片段之间的连接，再进行单个移动操作。

4. 复合片段

使用复合片段可以轻松地把媒体片段应用到其他项目中，例如在利用分层音频设计独特的音效时。复合片段的工作方式与多机位片段的工作方式类似，不管进行任何修改，都会在所有项目的相同复合片段里立即呈现。

5. 试演

通过"试演"功能，可以将多个备选镜头收集到时间线的同一位置，并按其前后关系进行快速循环浏览，然后在多个镜头中进行选择，从而演绎出不同的视频效果。

6. 3D 字幕

使用Final Cut Pro X软件自带的3D模板，或内置背景的影院效果模板，可以轻松地创建出酷炫的字幕效果。在添加特效字幕后，可以采用逼真的光效选项和文字样式进行效果自定义，还可以在Motion软件中打开任意字幕进行整体控制。

7. 调色与遮罩

使用色彩校正效果可以快速为图像调色，还可以应用形状、颜色和自定义绘制遮罩，从而为画面的特定区域调色或添加其他特效。

8. 高级色度抠像

使用Final Cut Pro X软件中高级色度抠像功能，可以对图像进行颜色采样、边缘调整和光融合。无须导出至动态图形应用软件，即可处理复杂的抠像难题。

9. 色彩平衡

素材在后台分析结束之后，采用"匹配颜色"等命令，用户可以直接在浏览器或磁性时间线中改善任何片段的画面。Final Cut Pro X中的色彩平衡功能，采用复杂的算法以提高对比度及消除色偏，同时让人物肤色看起来更加真实自然。

10. 精简的共享功能

有了可自行设置的共享界面，从Final Cut Pro X软件中完成高品质的文件将变得轻松快捷。多种导出预置选项已为各种目的位置而优化，其中包括 iPhone、iPad、Apple TV及网络端。或者使用Compressor 轻松创建自定义的设置，以便在Final Cut Pro X软件中直接访问或发送给另一位剪辑师。通过"共享"功能可以轻松导出项目、片段或范围，或在时间线上添加章节标记。还可以创建自定义的捆绑包，通过一个简单的步骤，即可将同一素材交付到多个目的位置。

1.1.2　安装环境要求

由于Final Cut Pro X软件的版本更新很快，如果要安装最新版本的软件，就需要将Mac设备进行系统升级，以适应软件版本需求。此外，在安装时，需要了解Final Cut Pro X软件的最低系统配置要求，以保证软件能正常安装和运行。

Final Cut Pro X软件10.4.6版本所支持的最低系统配置要求如下。

- 系统：支持macOS 10.13.6或更新版本。
- 内存：4GB RAM（4K视频剪辑、三维字幕和360°视频剪辑建议使用8GB）。
- 显卡：支持OpenCL的显卡或Intel HD Graphics 3000图形处理器或更高版本。
- 显存：支持256MB VRAM（4K视频剪辑、三维字幕和360°视频剪辑建议使用1GB）。
- 硬盘：采用3.8GB磁盘空间。

1.1.3　实战——启动Final Cut Pro X

当苹果系统中安装了Final Cut Pro X软件后，需要通过"启动台"功能才能启动Final Cut Pro X软件。下面为大家介绍如何启动Final Cut Pro X软件。

01 在计算机桌面的任务栏上，单击"启动台"桌面图标，如图1-1所示。

02 打开"启动台"程序窗口，单击Final Cut Pro软件图标，如图1-2所示。

图1-1

图1-2

03 上述操作完成后，即可启动Final Cut Pro软件，稍后将自动进入Final Cut Pro软件的工作界面，如图1-3所示。

图1-3

1.2　Final Cut Pro X的工作流程

无论是刚入门的剪辑新手，还是经验丰富的资深剪辑师，在进行视频剪辑的过程中，都需要清楚基本的视频剪辑工作流程。掌握Final Cut Pro X的工作流程，可以帮助用户更好地开展视频剪辑工作。

1.2.1　视频拍摄

视频拍摄属于准备阶段，这一阶段包括了拍摄视频素材、同步收录音频素材，以及收集与项目有关的各类资源。

1.2.2　素材的采集

在完成素材的拍摄后，需要将拍摄的文件传输到硬盘并进行整理。需要注意的是，为了防止媒体文件意外损坏，在传输的同时最好将文件进行备份。

1.2.3　导入素材

在导入素材的过程中，对于高分辨率与高码率的素材可以进行转码操作，建立代理文件。对不完美的镜头进行修正，并对媒体文件的元数据进行分析，提取关键词。

1.2.4　剪辑处理

将整理组织好的素材拖曳到磁性时间线中，应用工具栏中的"选择"工具、"修剪"工具、"切割"工具等对媒体素材进行剪辑，这是整个剪辑工作中最为重要的一环。

1.2.5　添加字幕与音频

根据影片的要求在视频片段上添加字幕，并对字幕的效果进行调整。然后添加背景音乐，并通过混合音频编辑，改善声音效果。

1.2.6　导出影片

根据自身需求，将编辑好的项目导出为适合在互联网或移动设备上进行播放的媒体文件。

1.3 视频规格设置

在使用Final Cut Pro X软件之前，除了要了解软件的工作流程外，还需要对软件中的视频规格设置有一定的了解。本节详细介绍Final Cut Pro X软件中的视频规格。

1.3.1 视频格式、分辨率与速率

进行拍摄的视频总是围绕着格式、分辨率以及速率来设定的。摄像机一般可以使用大小不同的清晰度，并以不同的速率和方法进行录制。在Final Cut Pro X软件"项目设置"对话框中的"视频"选项区中，可以对视频的分辨率与速率进行设置，如图1-4所示。

图1-4

1. 视频格式

在"视频"选项区的"格式"列表框中，包含720p HD、1080p HD、2K、4K等格式，如图1-5所示，选择不同的视频格式，可以得到不同的画面分辨率效果。

图1-5

2. 分辨率

分辨率也称作帧大小，每一帧就是一幅图像，分辨率是指这幅图像的尺寸，显示为水平线上的像素数与垂直线上的像素数。对于1920×1080的分辨率来说，每一条水平线上包含1920个像素点，共有1080条线。即扫描列数为1920列，行数为1080行。

3. 速率

速率是指每秒刷新图片的数量。当捕获一系列运动中的静态图像时，帧速率指每秒所包含静止帧的格数。如果每秒捕获的图像足够多，那么在进行连续播放时，一系列静态的图片看起来就像是运动起来的画面。需要注意的是，每个视频所选择的视频格式和分辨率不同，则速率也会随之发生变化。

1.3.2 时间码

时间码由4组数字构成，每组数字之间以"："分隔，如图1-6所示。在读取时间码时，应该按照从右至左的顺序，由冒号隔开为"时：分：秒：帧"。播放时由00:00:00:01开始，假设速率为25bit/s时，每满25帧向前一格显示为00:00:01:00，而分钟与秒则以60为单位向前递进。

图1-6

1.4 Final Cut Pro X工作区

启动Final Cut Pro X软件后，将进入Final Cut Pro X软件的工作界面，初次运行软件，界面为空白状态，如图1-7所示。工作界面主要由5个主区域组成，分别是：事件资源库、浏览器、监视器、检查器和磁性时间线。

1.4.1 菜单栏

在Final Cut Pro X软件的菜单栏中，包括了软件的基本属性设置和基本操作命令。在打开菜单后，有些命令会附带快捷键提示，灵活地使用快捷键将极大地提高剪辑工作的效率。图1-8所示为Final Cut Pro X软件的菜单栏。

事件资源库

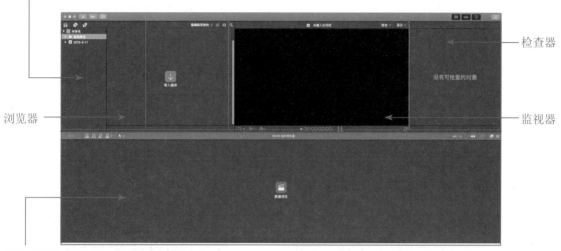

检查器

浏览器

监视器

磁性时间线

图1-7

图1-8

菜单栏中包含Final Cut Pro、"文件""编辑""修剪""标记""片段""修改""显示""窗口"和"帮助"菜单，不同的菜单包含不同的选项，下面进行具体介绍。

- "文件"菜单：通过该菜单中的命令，可进行新建项目及事件、导入媒体、查看属性和删除项目等常规性操作。
- "编辑"菜单：该菜单中包含了大量作用于项目整体的命令，如撤销、重做、复制、剪切、粘贴、删除等。
- "修剪"菜单：该菜单中的各项命令主要应用于时间线上的媒体，例如使用"切割"命令，可对片段进行精准修剪操作。
- "标记"菜单：该菜单中的命令可用于对片段进行标记、管理关键词等快捷操作。
- "片段"菜单：该菜单中的命令主要应用于对时间线上的某个片段进行精准调整和修改，例如显示视频和音频动画、分离音频、启用某个片段等。
- "修改"菜单：通过该菜单提供的命令，可对媒体进行分析、修正等操作。
- "显示"菜单：该菜单可实现隐藏或显示媒体的属性、展开或折叠媒体信息、查看颜色

通道等操作。

- "窗口"菜单：通过该菜单中的命令，可以调整Final Cut Pro X软件的界面布局，根据需要隐藏或显示某些工作窗口。
- "帮助"菜单：该菜单可以解决在剪辑过程中遇到的某些问题，也可以快速导航至所需要的某些功能。

1.4.2 事件库

事件库是导入、组织、预览所有素材的地方，通过新建事件，并为素材分类，可确保每个好的素材都处于项目之中。Final Cut Pro X软件的事件库是由资源库和浏览器两个部分组成，如图1-9所示。

图1-9

其中,"事件资源库"窗口主要用来对素材事件进行添加、分类、评价等优化操作;而"事件浏览器"窗口则主要用来导入媒体素材、管理项目文件等。

1.4.3 磁性时间线

"磁性时间线"窗口是完成视频编辑工作的主区域。Final Cut Pro X软件的时间线与其他剪辑软件一样,都是通过添加和排列片段来完成片段的编辑工作。当预置一条磁性工作线时,时间线会以"磁性"方式调整片段,使其与被拖入位置周围的片段相适应,如图1-10所示。

图1-10

1.4.4 监视器

"监视器"窗口可进行实时效果预览和视频回放,在全屏幕视图或在第二台显示器上,可获得包括1080P、2K、4K甚至高达5K分辨率的同步视频图像。图1-11所示为Final Cut Pro X软件的"监视器"窗口。

图1-11

1.4.5 检查器

"检查器"窗口位于Final Cut Pro X软件界面的右上方,可以显示所选内容的详细信息。未进行内容选择时为空白状态,选择不同的检查对象会相应地显示不同的信息,如图1-12所示。

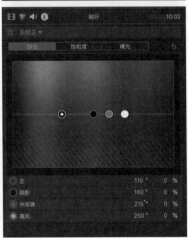

图1-12

1.4.6 "时间线索引"面板

默认情况下,"时间线索引"面板为隐藏状态。如果要打开时间线索引面板,可以单击"索引"按钮，或按快捷键Command+Shift+2，即可打开图1-13所示面板。在时间线索引面板中，可以找到时间线中使用的所有片段和标记。基于文本视图，并通过筛选条件，可仅显示要查看的对象。

图1-13

1.4.7 工具栏

Final Cut Pro X软件的工具栏中包含了7种可用快捷键切换的常用编辑工具。显示7种常用编辑工具的方法是：在"磁性时间线"区域的上方，单击"使用选择工具选择项"右侧的三角按钮，展开列表框，即可显示选择、修剪、位置、范围选择、切割、缩放和手等常用工具，如图1-14所示。

图1-14

1.4.8 "效果浏览器"窗口

"效果浏览器"窗口中包含可应用于视频及音频的600多项专业级滤镜，以及100多种转场特效、近两百种字幕制作方案。图1-15所示为Final Cut Pro X软件的"效果浏览器"窗口。

图1-15

1.4.9 音频指示器

"音频指示器"窗口用于在播放带有音乐的视频或单独的音频片段时，显示音频的电平值和音频的播放轨道，如图1-16所示。

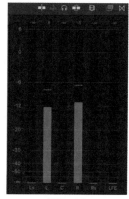

图1-16

1.5 工作区的基本操作

在Final Cut Pro X软件中，用户可以对软件的工作区进行预设与自定义等操作。本节将详细介绍工作区的各项基本操作。

1.5.1 使用预设工作区

在剪辑过程中，每个人的工作习惯与要求都会有所不同，所以对工作区中各个窗口的排列和组合要求也会有所不同。除了初次打开软件时默认的工作区布局以外，Final Cut Pro X还提供了几种在不同编辑阶段使用的预设工作区。

执行"窗口"|"工作区"命令，在展开的子菜单中，可根据实际情况选择不同的工作区预设，如图1-17所示。

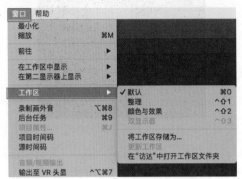

图1-17

 除了通过菜单栏对工作区进行选择外，还可以通过快捷键进行各工作区之间的切换与重置。可切换的工作区包括：默认工作区（快捷键Command+0）、整理工作区（快捷键Control+Shift+1）、颜色与效果工作区（快捷键 Control+Shift+2）。

1.5.2 实战——自定义工作区布局

在Final Cut Pro X软件中，用户可以通过调整工作区中各窗口的大小来创建最适合自己的工作区。下面为大家讲解自定义工作区布局的具体操作。

01 在Final Cut Pro X工作界面中，将光标悬停在"事件浏览器"窗口与"监视器"窗口之间的垂直分割条上。当光标变为左右双箭头状态时，按住鼠标左键并向左拖曳，如图1-18所示。

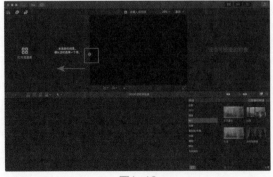

图1-18

02 将光标悬停在"监视器"窗口与"磁性时间线"窗口之间的垂直分割条上，当光标变为上下双向箭头状态时，按住鼠标左键并向下拖曳，如图1-19所示。

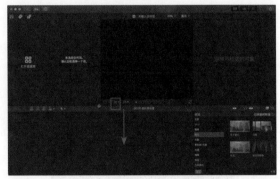

图1-19

03 经过调整后，工作区中相应窗口的大小将发生变化，如图1-20所示。

图1-20

 在拖曳调整一个窗口的大小时，与之相邻的窗口大小也会相应地被调整。

1.5.3 保存工作区

对工作区进行自定义设置后，可以对其进行存储操作，以便于下次直接进行调用或与其他工作区进行切换。保存工作区的具体方法是：执行"窗口"|"工作区"|"将工作区存储为"命令，如图1-21所示。打开"存储工作区"对话框，对自定义设置的工作区进行重命名后，单击"存储"按钮，即可保存当前工作区，如图1-22所示。

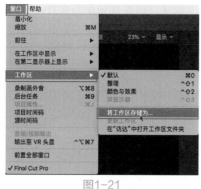

图1-21

图1-22

1.5.4 隐藏与关闭程序

在Final Cut Pro X软件中，软件的后台程序可以对整个编辑过程自动进行保存。如果在剪辑的过程中同时打开了多个程序，为了便于各程序之间的切换，可以将Final Cut Pro X进行隐藏与关闭操作。

1. 隐藏Final Cut Pro X程序

如果要隐藏Final Cut Pro X软件程序，则可以执行"Final Cut Pro"|"隐藏Final Cut Pro"命令，如图1-23所示，或按快捷键Command+H，即可对Final Cut Pro X软件进行隐藏操作。

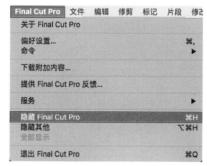

图1-23

2. 关闭Final Cut Pro X程序

如果要关闭Final Cut Pro X软件程序，则可以执行"Final Cut Pro"|"退出Final Cut Pro"命令，如图1-24所示，或按快捷键Command+Q，即可对Final Cut Pro X软件进行关闭操作。

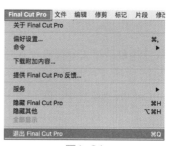

图1-24

1.6 素材的采集

在Final Cut Pro X软件中，用户可以将苹果设备、单反相机、摄像机中的媒体文件采集到软件，再进行编辑和加工。本节介绍从不同设备中进行素材采集的方法。

1.6.1 从苹果设备中采集视频

苹果公司的iPhone和iPad移动智能设备具备完善的拍摄功能，并且拍摄出来的视频可达到Full HD（全高清）1080P的标准，像素值与成像水平足以超越普通卡片数码相机。因此，使用苹果设备所拍摄的视频，完全可以导入Final Cut Pro X软件中进行编辑和加工，并最终输出优质影片。

从苹果设备中采集视频的具体方法是：使用iPhone或iPad的连接线将设备连接至计算机，连接成功后，在Final Cut Pro X软件中，执行"文件"|"导入"|"媒体"命令，打开"媒体导入"对话框，选择已经连接到计算机的设备，显示视频的内容，如图1-25所示，然后选择需要导入的媒体内容进行导入即可。

图1-25

1.6.2　从单反相机中采集视频

采集单反相机拍摄素材的具体操作方法为：将单反相机的连接线连接至计算机，连接成功后，在Final Cut Pro X软件中，执行"文件"|"导入"|"媒体"命令，打开"媒体导入"对话框，选择已经连接到电脑的单反相机设备，显示视频的内容，然后根据实际需求选择要导入的媒体内容进行导入即可。

1.6.3　从DV/HDV摄影机采集视频

采集DV/HDV摄像机拍摄素材的具体操作方法为：将DV/HDV摄像机的连接线连接至电脑，连接成功后，在Final Cut Pro X软件中，执行"文件"|"导入"|"媒体"命令，打开"媒体导入"对话框，选择已经连接到电脑的DV/HDV摄像机设备，显示视频的内容，然后根据实际需求选择要导入的媒体内容，进行导入即可。

1.7　本章小结

在学习编辑和制作高质量视频之前，必须巩固视频制作的基础，才能让之后的视频编辑工作事半功倍。本章主要带领读者学习了Final Cut Pro X软件的工作界面、建立资源库并导入素材、智能分析、素材采集等基本知识和操作。只要熟练掌握了本章的基础知识和操作要领，相信大家在之后的视频编辑工作中，定能高效地对各类文件及素材进行相关操作。

要剪辑出一部好的影片，需要在剪辑工作开始时，对拍摄的原始媒体文件进行整理与筛选，以确保之后的工作能高效有序地进行。

本章详细讲解Final Cut Pro X软件中项目与文件的基本操作方法，帮助读者了解并掌握资源库操作、事件与项目的基本设置，以及在事件浏览器中对导入的媒体文件进行整理、筛选与标记等基本操作。

本章重点

- 资源库的基本操作
- 重命名、删除与复制项目
- 片段的整理与筛选
- 新建与删除事件
- 导入媒体与元数据
- 调整片段的出入点

本章效果欣赏

2.1　资源库的设置

首次打开Final Cut Pro X软件，整个工作区都是空白的。此时需要新建一个类似于"文件夹"的资源库，才能保存和编辑媒体素材。本节详细讲解Final Cut Pro X软件中资源库的设置方法。

2.1.1 资源库概述

资源库在同一位置可包含多个事件和项目。当用户创建新的项目或事件时,项目或事件会自动包括在活跃的资源库中。资源库记录着用户的所有媒体文件、编辑决定,以及相关联的元数据。

在Final Cut Pro X软件中,可以同时打开多个资源库,并轻松地在资源库之间复制事件和项目。这可以将媒体、元数据和具有创意的作品,移动到其他系统,以确保在移动设备上进行处理、协同编辑或归档等工作变得简单而迅速。

2.1.2 实战——新建资源库

在新建事件与项目之前,首先需要新建一个资源库,用来装载项目与媒体素材。下面具体介绍新建资源库的方法。

01 启动Final Cut Pro X软件,执行"文件"|"新建"|"资源库"命令,如图2-1所示。

图2-1

02 打开"存储"对话框,设置好新建资源库的存储位置,并将资源库名称设置为"第2章",如图2-2所示。

图2-2

技巧与提示 在Final Cut Pro X软件中,资源库包含在之后剪辑工作中的所有事件、项目以及媒体文件。所以在选择其存储位置时,应尽量使用外部连接的硬盘或阵列,并对媒体文件进行备份。

03 单击"存储"按钮,新建一个资源库。接着,在"事件资源库"窗口显示创建好的资源库,并在新添加的资源库中自动创建一个以日期为名称的新事件,如图2-3所示。

图2-3

技巧与提示 如果工作区中没有显示资源库边栏,可以单击浏览器左上角的"显示或隐藏资源库边栏"按钮,打开资源库边栏。在Final Cut Pro X软件中,按钮呈现蓝色时,表示该功能处于激活状态。

2.1.3 实战——打开与关闭资源库

再次打开Final Cut Pro X软件时,该软件会默认打开上一次工作时所编辑的内容,以便继续进行编辑工作。如果需要切换资源库,则可以先打开资源库,再将编辑后的资源库进行关闭操作。下面具体介绍打开和关闭资源库的方法。

01 执行"文件"|"打开资源库"|"其他"命令,如图2-4所示。

图2-4

02 打开"打开资源库"对话框，在对话框的下拉列表框中，选择"第2章"资源库，如图2-5所示。

图2-5

技巧与提示 在打开资源库时，可以直接在"打开资源库"子菜单中打开最近编辑过的资源库。当打开多个资源库时，在"事件资源库"窗口中，资源库将会按照打开的先后顺序进行排列，最新打开的资源库则处于最上方。

03 在对话框中单击"选取"按钮，即可打开选择的资源库。

04 执行"文件"|"关闭资源库'第2章'"命令，如图2-6所示，即可关闭已经打开的资源库。

技巧与提示 除了上述方法可以关闭资源库外，用户还可以直接在"事件资源库"窗口中选择需要关闭的资源库，然后右击，在弹出的快捷菜单中选择"关闭资源库'第2章'"命令即可，如图2-7所示。

图2-6

图2-7

2.1.4 修改资源库存储位置

在新建了资源库后，如果需要修改资源库的存储位置，则可以在"资源库属性"窗口中的"储存位置"选项区中，单击"修改设置"按钮，如图2-8所示，打开"储存位置"对话框，在"媒体"列表框中，选择"选取"命令，如图2-9所示。然后在打开的"存储"对话框中，重新选择存储位置，单击"选取"按钮，即可重新修改存储位置。

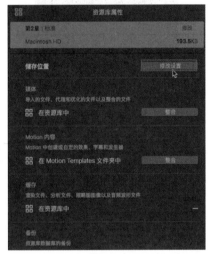

图2-8

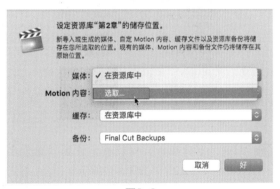

图2-9

2.2 事件设置

事件用来存放各种项目、视频等文件，在资源库中需要添加一个事件，才能进行项目的存放。本节详细讲解Final Cut Pro X软件中事件的设置方法。

13

2.2.1　什么是事件

事件相当于一个存放文件的文件夹，是用来保存项目、片段、音频和图片等文件的地方。打开资源库后，将会显示该资源库中的所有的事件。打开事件后，所有可用于剪辑的片段都会以缩略图的形式排列在"事件资源库"窗口中，如图2-10所示。一个资源库可以包含多个事件。

图2-10

2.2.2　实战——新建事件

通过"新建事件"命令可以添加事件，并对新添加的事件进行重命名操作。下面介绍新建事件的具体操作。

01 执行"文件"|"新建"|"事件"命令，如图2-11所示。

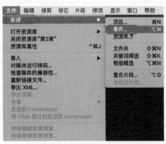

图2-11

02 打开"新建事件"对话框，设置"事件名称"为"2.2.2"，如图2-12所示。

图2-12

技巧与提示　除了上述方法可以新建事件外，用户还可以直接在"事件资源库"窗口的空白处右击，在弹出的快捷菜单中选择"新建事件"命令。

03 其他参数值保持默认设置，单击"好"按钮。即可在"事件资源库"窗口中新建一个事件，如图2-13所示。

图2-13

2.2.3　实战——删除事件

当有多余的事件需要删除时，可以通过"将事件移动废纸篓"命令来实现删除操作。下面介绍删除事件的方法。

01 在"事件资源库"窗口中，选择需要删除的事件，然后右击，在打开的快捷菜单中选择"将事件移到废纸篓"命令，如图2-14所示。

图2-14

02 打开提示对话框，单击"继续"按钮，如图2-15所示，即可删除多余的事件。

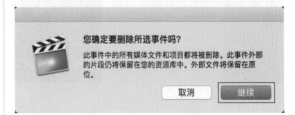

图2-15

图2-18

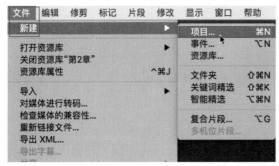

<table><thead><tr><th>技巧
与
提示</th><th></th></tr></thead></table>

除了上述方法可以删除事件外，还可以在选择需要删除的事件后，按快捷键Command+Delete进行删除操作。

2.3 项目的基本设置

本节主要介绍Final Cut Pro X中关于项目文件的一些基本设置方法，包括创建项目的几种方法，以及项目文件的重命名、删除和保存等操作。

2.3.1 创建项目

使用"项目"功能，可以轻松地创建项目文件。在Final Cut Pro X中，创建项目的方法主要有以下几种。

● 执行"文件"|"新建"|"项目"命令，如图2-16所示。

图2-16

● 在"事件资源库"窗口中的空白处右击，打开快捷菜单，选择"新建项目"命令，如图2-17所示。

● 按快捷键Command+N。
● 在"磁性时间线"面板中，单击"新建项目"按钮。

图2-17

采用以上任意一种方法，均可打开"项目设置"对话框，在对话框中根据需要，可以设置项目名称及相关参数，单击"好"按钮即可创建项目，如图2-18所示。

在"项目设置"对话框中，各主要选项的含义如下。

● "项目名称"文本框：在该文本框中可以输入项目的名称。
● "事件"列表框：在列表框中，可以切换设置，以选择将项目存储在哪一个事件之下。
● "起始时间码"数值框：用于设置媒体文件放到项目中开始编辑的位置。
● "视频"选项区：用于设定项目的规格，包括格式、分辨率和速率。
● "渲染"选项区：用于设定预览与输出项目时使用的渲染模式。
● "音频"选项区：包括环绕声和立体声，采样速率数值越大，音频质量越高。

2.3.2 实战——使用自动设置创建项目

在"自动设置"中，默认新建的项目规格会根据第一个视频片段的属性来进行设定，并且音频设置与渲染编码格式也是固定的。下面介绍使用自动设置创建项目的方法。

01 在"事件资源库"窗口选择事件，然后执行"文件"|"新建"|"项目"命令，如图2-19所示。

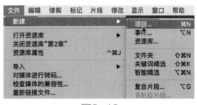

图2-19

02 打开"项目设置"对话框，设置"项目名称"为"自动项目"，然后单击"使用自动设置"按钮，如图2-20所示。

图2-20

03 切换至"项目设置"对话框,单击"好"按钮,如图2-21所示。

图2-21

04 即可使用自动设置创建一个项目,如图2-22所示。

图2-22

技巧与提示   "自动设置"中的各项设定与"自定设置"基本相同。

2.3.3 预览项目

在创建好项目文件后,通过打开项目文件,可以预览项目文件中的媒体效果。预览项目的方法很简单,在"事件浏览器"窗口中选择项目文件图标,如图2-23所示,然后双击,即可打开项目文件进行预览。

图2-23

2.3.4 实战——为项目添加标记

标记可以给带有备注或待办事项的片段中的特定位置打上旗标。下面介绍为项目添加标记的具体方法。

01 执行"文件"|"新建"|"事件"命令,打开"新建事件"对话框,设置"事件名称"为"2.3.4",如图2-24所示,单击"好"按钮,新建一个事件。

图2-24

02 在"事件浏览器"窗口中,选择项目文件,执行"标记"|"标记"|"添加标记"命令,如图2-25所示,即可为选择的项目添加标记。

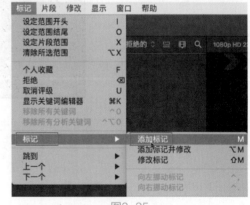

图2-25

2.3.5 实战——重命名与删除项目

在新建项目后，如果需要更改项目文件的名称，则可以对其进行重命名操作；如果需要删除多余的项目，则可以通过"移到废纸篓"命令来实现。下面介绍重命名与删除项目的方法。

01 在"事件浏览器"窗口中，单击项目文件的名称，使其呈蓝色显示，并输入新的名称，如图2-26所示，即可重命名项目文件。

图2-26

02 在"事件浏览器"窗口中，选择需要删除的项目，右击，打开快捷菜单，选择"移到废纸篓"命令，如图2-27所示，即可删除项目文件。

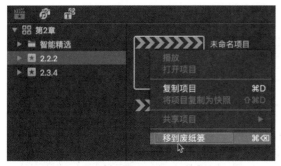

图2-27

2.3.6 实战——复制项目

为了便于在修改一个项目后，能够快速地找到上一个未进行修改的项目，可以在修改项目之前，复制一个项目进行备份。下面介绍复制项目的具体方法。

01 在"事件浏览器"窗口中，选择需要复制的项目，右击，打开快捷菜单，选择"复制项目"命令，如图2-28所示。

02 上述操作完成后，即可复制一个项目文件，并在"事件浏览器"窗口中显示复制后的项目，如图2-29所示。

图2-28　　　　　　　图2-29

技巧与提示 "复制项目"命令是将项目文件和后台的渲染文件、波形文件，以及制作的优化或代理文件全部复制到新建的项目中，而"将项目复制为快照"命令则只复制工程文件。

2.3.7 修改项目设置

当进行一段编辑工作后，如果发现需要对正在工作的项目设置进行调整，那么就需要用到检查器。

修改项目设置的具体方法是：选择需要设置的项目，然后在"检查器"窗口中，单击"显示信息检查器"按钮，打开"信息检查器"窗口，该窗口中将显示项目的详细信息。单击蓝色的"修改"按钮，如图2-30所示。打开"项目设置"对话框，如图2-31所示，在打开的对话框中，可以修改项目名称及有关的项目设置参数值。

图2-30

图2-31

17

2.4　媒体导入

在进行一系列的资源库、事件与项目设置后，接下来就要学习媒体的导入方法了。本节介绍Final Cut Pro X中关于媒体文件的导入方法，包括媒体导入、元数据导入等操作。

2.4.1　导入媒体

在进行了资源库和事件的建立后，需要先导入媒体素材，才能进行素材的后期编辑操作。导入媒体素材的方法有以下几种。

● 执行"文件"|"导入"|"媒体"命令，如图2-32所示。

● 在"事件资源库"窗口的空白处右击，在弹出的快捷菜单中选择"导入媒体"命令，如图2-33所示。

● 按快捷键Command+I。

● 在"事件浏览器"窗口的空白处右击，在弹出的快捷菜单中，选择"导入媒体"命令，如图2-34所示。

图2-32　　　　　　　　图2-33

● 在"事件资源库"窗口的左上角，单击"从设备、摄像机或归档导入媒体"按钮↓，如图2-35所示。

图2-34　　　　　　　　图2-35

执行以上任意一种方法，均可以打开"媒体导入"对话框，在对话框中选择好需要导入的媒体视频和音频素材，单击"导入所选项"按钮，如图2-36所示，即可导入媒体素材。

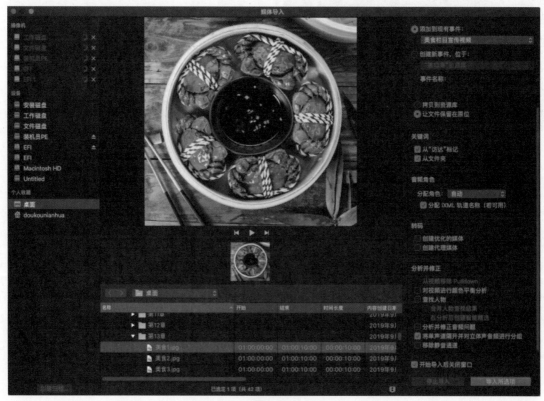

图2-36

在"媒体导入"对话框中，各主要选项的含义如下。

- "添加到现有事件"单选按钮：单击该单选按钮后，可以在决定好需要导入的媒体文件后，选择将其导入哪一个事件中。默认选择导入当前事件。如果要导入其他已经创建好的事件中，可以单击"添加到现有事件"选项的下三角按钮，展开列表框进行选择。

- "创建新事件，位于"单选按钮：单击该单选按钮后，可以创建新的事件，并设置新事件的保存名称和保存位置。

- "拷贝到资源库"单选按钮：单击该单选按钮后，导入的媒体文件会被复制到资源库。

- "让文件保留在原位"单选按钮：单击该单选按钮后，所选择的媒体文件不会进行复制。

- "从'访达'标记"复选框：勾选该复选框，会创建以访达标记命名的关键词精选。

- "从文件夹"复选框：勾选该复选框，会创建以导入的文件夹命名的关键词精选。

- "转码"选项区：可以根据实际需要对导入的媒体文件进行调整。在该选项区中勾选"创建优化的媒体"复选框，会基于当前选择导入的媒体文件进行优化，制作编码为"Apple ProRes 422"的同名称高质量的文件副本；勾选"创建代理媒体"复选框，可以用于源媒体文件分辨率较高、素材量较大的情况，会创建编码为"Apple ProRes 422（Proxy）"的同名称低质量的文件副本。

- "对视频进行颜色平衡分析"复选框：勾选该复选框，可以在导入媒体文件的过程中，检测画面中色调和对比度的问题。

- "查找人物"复选框：勾选该复选框，可以通过自动分析导入媒体的画面，判断画面中的拍摄内容、人数与景别等内容。

- "合并人物查找结果"复选框：勾选该复选框，可以在较长的时间内汇总和显示"查找人物"分析关键词。

- "在分析后创建智能精选"复选框：勾选该复选框，可以使用包含强烈抖动、人物或两者片段分析关键词来创建"智能精选"。

- "分析并修正音频问题"复选框：勾选该复选框，可以修正音频中的嗡嗡声、噪声和响度。

- "将单声道隔开并对立体声音频进行分组"复选框：勾选该复选框，可以对双单声道、立体声和环绕声音频通道进行正确分组。

- "移除静音通道"复选框：勾选该复选框，可以移除静音通道。

在选择需要导入的媒体素材文件后，使用快捷键Command+A可以进行全选。当需要选择相邻的一组媒体文件时，可以在选择第一个媒体文件后，按住Shift键的同时，选择最后一个媒体文件。当需要选择特定的几个媒体文件时，可以先选择其中一个，然后在按住Command键的同时进行选择。如果已经将需要导入的媒体文件整理到同一文件夹内，则可以直接导入该文件夹。

2.4.2　元数据

在Final Cut Pro X中导入媒体文件的同时，会自动在后台对其内容进行分析并生成元数据，数据内容包括文件的创建日期、开始事件、结束事件、片段持续的时间长度、帧速率、帧大小等信息。

在"事件浏览器"窗口选择一个片段，然后在"信息检查器"窗口中，可以对该片段的元数据进行查看，如图2-37所示。

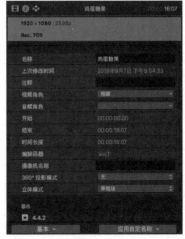

图2-37

默认显示的是"基本"元数据视图，单击"检查器"窗口左下角的"基本"下三角按钮，在展开的下拉列表框中，可以选择不同的元数据栏，也可以通过"将元数据视图存储为"和"编辑元数据视图"选项存储和自定义元数据栏，如图2-38所示。

单击"检查器"窗口右下角的"应用自定名称"下三角按钮，在展开的下拉列表框中，可以利用片段的元数据自定义片段名称，如图2-39所示。

图2-38　　　　　　图2-39

2.4.3　实战——手动添加元数据

在添加了片段素材后，除了可以在"信息检查器"窗口中显示固定的基本信息外，还可以对片段的元数据进行自定义设置。下面介绍手动添加元数据的方法。

01 执行"文件"|"新建"|"事件"命令，打开"新建事件"对话框，设置"事件名称"为"2.4.3"，单击"好"按钮，新建一个事件。

02 在"事件浏览器"窗口的空白处右击，打开快捷菜单，选择"导入媒体"命令，如图2-40所示。

图2-40

03 打开"媒体导入"对话框，在"名称"下拉列表框中，选择对应文件夹下的"百合绽放"视频素材，在"文件"选项区中，单击"让文件保留在原位"单选按钮，如图2-41所示。

04 单击"导入所选项"按钮，即可将选择的视频素材导入"事件浏览器"窗口，如图2-42所示。

图2-41

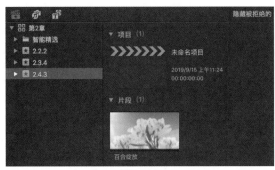

图2-42

05 选择已经导入的视频片段，在"信息检查器"窗口中，单击"基本"选项下三角按钮，展开列表框，选择"通用"选项，如图2-43所示。

图2-43

06 此时"信息检查器"窗口中的相关元数据选项发生了变化。在"场景"文本库中输入场景名称后，即可成功地为片段手动添加元数据，如图2-44所示。

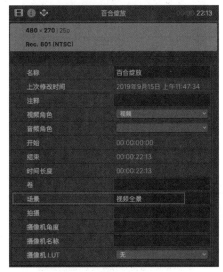

图2-44

　根据不同的需要，可以在"信息检查器"窗口中通过切换元数据视图为片段添加不同的元数据。例如，景别、摄像机的型号与角度、角色类型等信息。

2.5　片段的整理与筛选

当对片段进行评价或添加关键词后，可以根据关键词或评价要求将数据进行分类、整理与过滤，以方便后期编辑过程中的使用。本节就为各位读者详细讲解Final Cut Pro X软件中片段的整理与筛选方法。

2.5.1　收藏片段

使用"个人收藏"功能可以将喜欢的片段收藏起来。收藏片段的方法很简单，用户只需要在"事件浏览器"窗口中选择需要收藏的片段，然后执行"标记"|"个人收藏"命令，如图2-45所示。即可收藏选择的片段，收藏片段后，被选择的片段上会出现一条绿色的线，如图2-46所示。

图2-45　　　　　　　图2-46

　除了用上述方法可以收藏片段外，还可以在选择需要收藏的片段后，在"事件浏览器"窗口中，单击"片段过滤"选项的下三角按钮 隐藏被拒绝的 ，展开列表框，选择"个人收藏"命令。

2.5.2　拒绝片段

如果片段中包含了不喜欢的或者可能再也不想在项目中使用的部分，则可以将该片段标记为

"拒绝"。拒绝片段的方法很简单，用户只需要在"事件浏览器"窗口中选择片段后，执行"标记"|"拒绝"命令，如图2-47所示，即可拒绝片段。拒绝片段后，被选择的片段上会出现一条红色的线条，如图2-48所示。

图2-47

图2-48

默认情况下，在"事件浏览器"窗口中只显示已收藏的片段，不会显示已经拒绝的片段。如果想显示被拒绝的片段，则可以在"事件浏览器"窗口中，单击"片段过滤"选项的下三角按钮，在展开的列表框中，选择"被拒绝的"命令，如图2-49所示，将只会显示已经被拒绝的片段。如果想显示所有的收藏、拒绝的片段，可以通过在"片段过滤"列表框中选择"所有片段"命令来实现。

图2-49

2.5.3 实战——自定义关键词

在Final Cut Pro X软件中，通过"关键词编辑器"功能，可以在已添加的媒体片段上添加关键词效果。下面将详细介绍自定义关键词的具体方法。

01 执行"文件"|"新建"|"事件"命令，打开"新建事件"对话框，设置"事件名称"为"2.5.3"，单击"好"按钮，即可新建一个事件。

02 在"事件浏览器"窗口的空白处右击，打开快捷菜单，选择"导入媒体"命令，如图2-50所示。

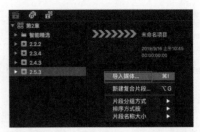
图2-50

03 打开"媒体导入"对话框，在"名称"下拉列表框中，选择对应文件夹下的"大草原"视频素材，然后单击"导入所选项"按钮，如图2-51所示。

图2-51

04 上述操作完成后，即可将选择的视频素材导入"事件浏览器"窗口，如图2-52所示。

05 选择视频片段，执行"标记"|"显示关键词编辑器"命令，如图2-53所示。

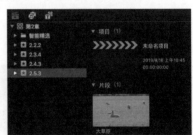
图2-52

图2-53

06 打开"关键词编辑器"对话框，在文本框中输入关键词"草地羊群"，如图2-54所示。

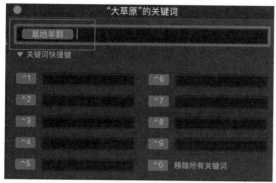

图2-54

07 关闭对话框，完成关键词的自定义添加。被选择的视频片段上将显示一条蓝色的水平线，在相应的事件下也会自动创建关键词精选，如图2-55所示。

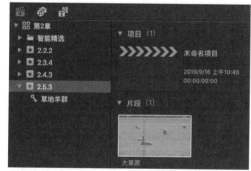

图2-55

2.5.4　实战——新建关键词精选

通过"新建关键词精选"命令，可以直接新建关键词精选，之后可进行重命名操作。下面详细讲解新建关键词精选的具体方法。

01 执行"文件"|"新建"|"事件"命令，打开"新建事件"对话框，设置"事件名称"为"2.5.4"，单击"好"按钮，新建一个事件。

02 在"事件浏览器"窗口的空白处右击，打开快捷菜单，选择"导入媒体"命令，打开"媒体导入"对话框，在"名称"下拉列表框中，选择对应文件夹下的"倒计时动画"视频素材，然后单击"导入所选项"按钮，如图2-56所示。

图2-56

03 上述操作完成后，即可将选择的视频素材导入"事件浏览器"窗口，如图2-57所示。

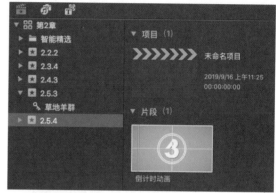

图2-57

04 选择新添加的事件，然后右击，在打开的快捷菜单中，选择"新建关键词精选"命令，如图2-58所示。

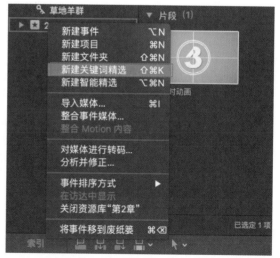

图2-58

05 在选择的事件下方将会显示一个文本框，输入关键词文本"倒计时"，如图2-59所示，即可完成关键词精选的添加与重命名操作。

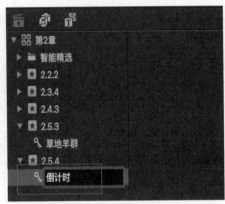

图2-59

06 在"事件浏览器"窗口中选择已经导入的视频片段，按住鼠标左键拖曳至关键词下方后，将显示一个绿色的圆形"+"标志，如图2-60所示。

图2-60

07 释放鼠标左键，即可将该片段添加至关键词精选下，单击该关键词精选后，会出现相应的片段，如图2-61所示。

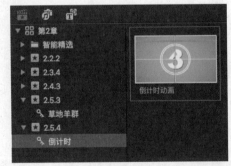

图2-61

 将设置好出入点的片段拖曳到关键词精选中后，只有出入点之间的部分被添加关键词，在相应关键词精选中，也仅仅显示出入点之间的片段内容。

2.5.5　利用过滤器搜索关键词

在设置好关键词筛选条件后，通过"过滤器"功能，可以直接对媒体片段按照评分、关键词、媒体类型等方式进行筛选。在使用"关键词"的筛选条件进行筛选后，则可以筛选出关键词的信息。

利用过滤器搜索关键词之前，首先需要按快捷键Command+F，打开"过滤器"窗口。默认情况下，过滤器是按照"文本"的方式进行过滤，当片段添加了关键词时，单击右上角的 按钮，在展开的列表框中，选择"关键词"筛选条件，如图2-62所示。将添加一个"关键词"筛选条件，然后勾选"关键词"选项前的复选框，表示该选项已经被列入过滤条件。单击"包括任何"选项的下三角按钮，在展开的列表框中，可以利用关键词，按照不同的条件进行筛选，如图2-63所示。

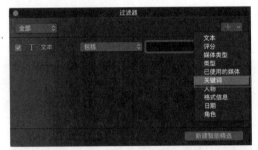

图2-62

图2-63

 当需要使用新的过滤条件时，可以将原来的条件取消勾选。当有多个过滤条件时，单击左上角"全部"按钮右侧的下三角按钮，展开列表框，将"全部"选项切换成"任一"选项。此时，当片段符合"过滤器"中的任何一个条件，就会显示在"事件浏览器"窗口中。当需要删除某一个过滤条件时，单击该条件右侧的灰色圆形按钮 即可。

2.5.6 实战——利用过滤器查找元数据信息

在Final Cut Pro X软件中，通过过滤器不仅可以搜索关键词，还可以查找出元数据信息。下面详细讲解利用过滤器查找元数据信息的具体方法。

01 执行"文件"|"新建"|"事件"命令，打开"新建事件"对话框，设置"事件名称"为"2.5.6"，单击"好"按钮，新建一个事件。

02 在"事件浏览器"窗口的空白处右击，打开快捷菜单，选择"导入媒体"命令，打开"媒体导入"对话框，在"名称"下拉列表框中，选择对应文件夹下的"发电风车"视频素材，然后单击"导入所选项"按钮，即可将选择的视频素材导入"事件浏览器"窗口，如图2-64所示。

图2-64

03 选择新添加的片段，然后在"信息检查器"窗口的"场景"文本框中输入"全景"，如图2-65所示。

图2-65

04 在新添加的事件上右击，在弹出的快捷菜单中，选择"新建智能精选"命令，如图2-66所示。

图2-66

05 添加一个智能精选，并在事件下显示一个文本框，输入文本名称"场景"，如图2-67所示。

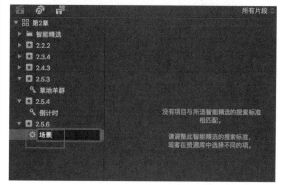

图2-67

06 双击新添加的智能精选，打开"智能精选：场景"对话框，单击 **+** 按钮，展开列表框，选择"格式信息"命令，如图2-68所示。

图2-68

07 添加一个"格式"过滤条件，在右侧的列表框中依次选择"场景"和"包括"选项，在文本框中输入"全景"，如图2-69所示。

图2-69

08 此时在相应的智能精选中，将筛选出上一节中手动添加的场景关键字的元数据片段，如图2-70所示。

图2-70

2.6 预览片段

当成功导入媒体文件后，在"事件浏览器"窗口中可以通过不同的预览模式预览片段，还可以设置片段的外观，为媒体片段添加出入点、标记等。本节详细讲解在Final Cut Pro X软件中，预览与修改片段的方法。

2.6.1 切换预览模式

在导入媒体素材后，媒体素材都是以缩略图的形式显示导入的媒体文件。如果想以连续画面和列表模式显示，则可以在"事件浏览器"窗口的右上角，单击"在连续画面和列表模式之间切换片段显示"按钮，即可将片段预览模式切换为列表显示模式，如图2-71所示。

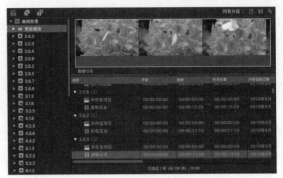

图2-71

当切换为列表模式后，"事件浏览器"窗口中所有的片段会按名称顺序进行排列，并且显示出更多关于片段的元数据信息。选择某一段片段后，可以在"事件浏览器"窗口的上方浏览该片段。默认显示片段的名称、开始结束时间、时间长度、内容创建日期、摄像机角度、注释等信息，拖曳列表下方的滚动条，可以显示更多的信息。

2.6.2 实战——片段外观设置

在Final Cut Pro X软件中，通过"片段设置"功能可以设置片段的外观。下面详细介绍片段外观的具体设置方法。

01 执行"文件"|"新建"|"事件"命令，打开"新建事件"对话框，设置"事件名称"为"2.6.2"，单击"好"按钮，新建一个事件。

02 在"事件浏览器"窗口的空白处右击，打开快捷菜单，选择"导入媒体"命令，打开"媒体导入"对话框，在"名称"下拉列表框中，选择对应文件夹下的"粉色花朵"视频素材，然后单击"导入所选项"按钮，将选择的视频素材导入"事件浏览器"窗口，如图2-72所示。

图2-72

03 在"事件浏览器"窗口的右上角，单击"片段外观和过滤菜单"按钮，展开"片段设置"对话框，依次向右移动"调整片段高度"和"调整片段显示时间长度"滑块，调整片段的显示高度和时间长度，如图2-73所示。

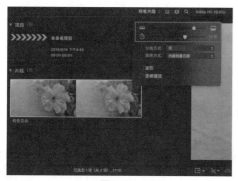

图2-73

2.6.3 在浏览器中预览片段

在Final Cut Pro X软件中导入媒体素材后，如果要预览媒体片段的播放效果，则可以在"事件浏览器"窗口中单击视频片段缩略图图标，则"监视器"窗口中会显示媒体片段效果，如图2-74所示。

选中需要预览的片段后，按空格键在"事件浏览器"窗口中进行播放，且与"监视器"窗口中的画面和播放位置相一致。

图2-74

2.6.4 实战——浏览片段

在"事件浏览器"窗口中预览片段的方法有很多种，如通过鼠标可以实时浏览片段，还可以通过"浏览"命令进行片段浏览。下面将介绍通过"浏览"命令浏览片段的具体方法。

01 执行"文件"|"新建"|"事件"命令，打开"新建事件"对话框，设置"事件名称"为"2.6.4"，单击"好"按钮，新建一个事件。

02 在"事件浏览器"窗口的空白处右击打开快捷菜单，选择"导入媒体"命令，打开"媒体导入"对话框，在"名称"下拉列表框

中，选择对应文件夹下的"儿童玩耍"视频素材，然后单击"导入所选项"按钮，将选择的视频素材导入"事件浏览器"窗口，如图2-75所示。

图2-75

03 执行"显示"|"浏览"命令，如图2-76
所示。

图2-76

**技巧
与
提示**　　　在浏览片段时，如果需要同时对声音
进行浏览，则可以执行"显示"|"音频浏
览"命令。

04 将鼠标悬停在片段缩略图上，当光标变为手
形时，左右移动鼠标，即可浏览所选片段，
在"监视器"窗口也会出现相应的片段，如
图2-77所示。

图2-77

**技巧
与
提示**　　　当选中片段后，则片段的外部会显示一
个黄色的外框，且缩略图上也会出现两条垂
直线。红色线为扫描播放头，表示浏览时的
实时位置，会随着鼠标的位置变化而变化；
白色的线表示在选择该片段时播放指示器所
在的位置，一般不会发生变化。

2.6.5　实战——快捷键预览片段

在Final Cut Pro X中预览片段时，还可以通过
快捷键进行片段的预览操作。下面将详细介绍具
体的操作方法。

01 执行"文件"|"新建"|"事件"命令，打开
"新建事件"对话框，设置"事件名称"为

"2.6.5"，单击"好"按钮，新建一个事件。

02 在"事件浏览器"窗口的空白处右击，打开
快捷菜单，选择"导入媒体"命令，打开
"媒体导入"对话框，在"名称"下拉列表
框中，选择对应文件夹下的"蝴蝶与花"视
频素材，然后单击"导入所选项"按钮，将
选择的视频素材导入"事件浏览器"窗口，
如图2-78所示。

03 选择"事件浏览器"窗口中的片段，按空格
键可以从播放器位置播放该片段，如果需要
停止播放片段，再次按空格键即可。

04 按快捷键Control+Shift+I，可以从头开始播
放所选片段。按快捷键J、K、L分别可以倒
放、暂停与播放所选片段。多次按J键或L
键，可以加快倒放或播放速度。

05 当播放指示器在所选片段的起始帧位置或结束帧位置时，在"监视器"窗口中画面的左侧或右侧会显示胶片状的齿孔，如图2-79所示。

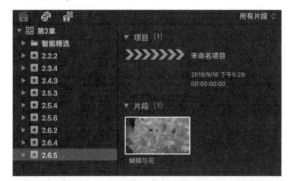

图2-78

图2-79

2.6.6 设置片段出入点

在编辑视频的过程中，如果仅仅需要所选片段的部分内容，则需要在"事件浏览器"窗口中通过设置入点与出点，为片段设置一个选择的范围。

设置片段出入点的方法很简单，用户只需要在选择片段后，通过空格键，确定开头位置，然后执行"标记"|"设定范围开头"命令，或按快捷键I，即可设置入点，如图2-80所示。继续播放片段，确定结束位置，然后执行"标记"|"设定范围结尾"命令，或按快捷键O，即可设置出点，如图2-81所示。

在为片段设置好出入点后，则该片段出入点之间的片段内容上会显示一个黄色的矩形外框，如图2-82所示。

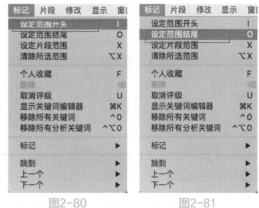

图2-80　　　　　　　　　图2-81

图2-82

2.6.7 实战——调整出入点位置

在Final Cut Pro X软件中，通过鼠标移动黄色外框的大小，可以调整出入点的位置。下面将介绍调整出入点位置的具体操作方法。

01 执行"文件"|"新建"|"事件"命令，打开"新建事件"对话框，设置"事件名称"为"2.6.7"，单击"好"按钮，新建一个事件。

02 在"事件浏览器"窗口的空白处右击，打开快捷菜单，选择"导入媒体"命令，打开"媒体导入"对话框，在"名称"下拉列表框中，选择对应文件夹下的"花朵2"视频素材，然后单击"导入所选项"按钮，将选择的视频素材导入"事件浏览器"窗口，如图2-83所示。

03 选择视频片段，将鼠标悬停在左侧黄色外框上，当光标变成双箭头的调整形状时，按住左键并向右拖曳，调整片段的入点位置，如图2-84所示。

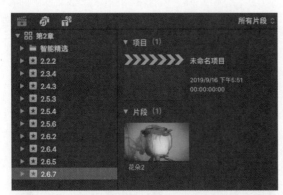

图2-83

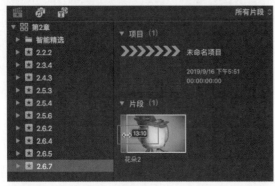

图2-84

04 将鼠标悬停在右侧黄色外框上，当光标变成双箭头的调整形状时，按住左键并向左拖曳，调整片段的出点位置，如图2-85所示，完成片段出入点的调整。

图2-85

2.6.8　实战——添加与修改标记

"标记"可以起到提示作用，如标记镜头的运动方向、镜头抖动问题等。下面详细讲解添加与修改标记的方法。

01 执行"文件"|"新建"|"事件"命令，打

开"新建事件"对话框，设置"事件名称"为"2.6.8"，单击"好"按钮，新建一个事件。

02 在"事件浏览器"窗口的空白处右击，打开快捷菜单，选择"导入媒体"命令，打开"媒体导入"对话框，在"名称"下拉列表框中，选择对应文件夹下的"海水"视频素材，然后单击"导入所选项"按钮，即可将选择的视频素材导入"事件浏览器"窗口，如图2-86所示。

图2-86

03 按空格键播放片段，然后在需要标记的位置按空格键暂停播放，再执行"标记"|"标记"|"添加标记"命令，如图2-87所示。

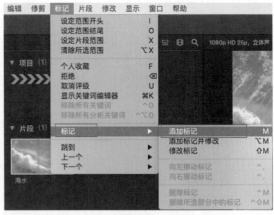

图2-87

04 上述操作完成后，即可在指定位置添加一个蓝色的标记，如图2-88所示。

05 如果需要对标记进行注释说明，则可以双击添加的标记，打开"标记"对话框，输入内容，如图2-89所示，单击"完成"按钮，即可添加标记的注释说明。

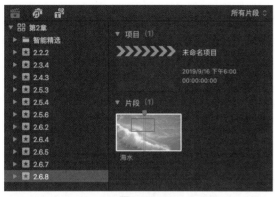

图2-88

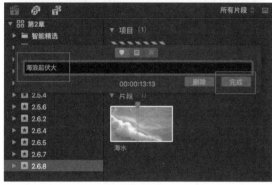

图2-89

06 如果要微调标记位置，则可以执行"标记"|"标记"命令，在展开的子菜单中选择"向左挪动标记"或"向右挪动标记"命令，如图2-90所示，即可向左/右以帧为单位微移标记。

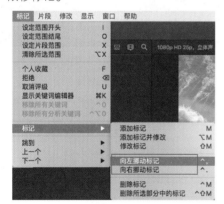

图2-90

07 如果要复制标记，则可以在选择标记后右击，在弹出的快捷菜单中，选择"拷贝标记"命令，复制标记，如图2-91所示，然后重新指定播放指示器的位置，按快捷键Command+V，粘贴标记即可。

图2-91

2.7 综合实战——制作"红花绽放"项目效果

本节通过实例来熟悉事件、项目与媒体的导入操作，并对导入的片段进行预览、出入点设置、添加标记等操作，帮助读者更好地掌握本节所学知识点。

01 执行"文件"|"新建"|"事件"命令，打开"新建事件"对话框，设置"事件名称"为"2.7"，如图2-92所示，单击"好"按钮，新建一个事件。

图2-92

02 在"事件浏览器"窗口的空白处右击，打开快捷菜单，选择"导入媒体"命令，如图2-93所示。

03 打开"媒体导入"对话框，在"名称"下拉列表框中，选择对应文件夹下的"红花绽放"视频素材，然后单击"导入所选项"按钮，如图2-94所示。

04 上述操作完成后，即可将选择的视频素材导入"事件浏览器"窗口。选择新导入的片段，将鼠标指针悬停在左侧黄色外框上,当指针变成双箭头的调整形状时,按住左键并向右拖曳,调整片段的入点位置,如图2-95所示。

图2-93

图2-94

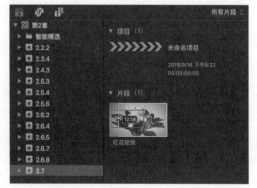

图2-95

05 将鼠标悬停在右侧黄色外框上,当光标变成双箭头的调整形状时,按住左键并向左拖曳,调整片段的出点位置,如图2-96所示。

06 按空格键播放片段,然后在需要标记的位置按空格键暂停播放,再执行"标记"|"标记"|"添加标记"命令,如图2-97所示。

07 上述操作完成后,即可在指定位置添加一个蓝色的标记,如图2-98所示。

图2-96

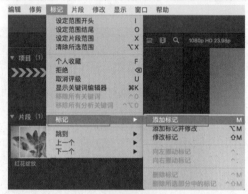

图2-97

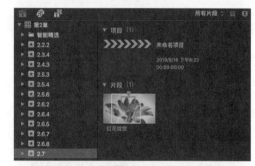

图2-98

2.8 本章小结

在学习制作高质量视频之前,必须掌握项目与文件的一系列基本操作,才能让之后的项目管理工作更加得心应手。本章重点介绍了Final Cut Pro X软件中项目与文件的基本操作,具体内容包括资源库基本操作、事件基本操作、项目的设置、媒体的导入、片段的整理与筛选、片段的预览与修改等。通过本章的学习,希望读者能熟练掌握这部分的基础知识,方便日后高效地管理项目与文件对象。

将媒体文件导入事件后，需要对片段进行整理、标记等操作，并且对媒体片段进行剪辑与整合，进一步创建出完整的故事情节。本章详细介绍片段编辑的各项基本操作，帮助读者掌握调整试演片段、编辑复合片段、多机位剪辑等剪辑技法。

第3章

视频剪辑技法

本章重点

- 连接、插入、追加和覆盖片段
- 创建与调整故事情节
- 调整影片速度
- 创建与改变试演片段
- 三点编辑连接片段
- 多机位剪辑

本章效果欣赏

3.1　磁性时间线区域的基本操作

在"磁性时间线"窗口中，可以快速地对片段顺序进行排列组合，并完成精确到帧的剪辑工作。本节详细讲解"磁性时间线"窗口的各项基本剪辑操作。

3.1.1 在时间线中添加片段

在新建项目文件后，位于"磁性时间线"窗口的视频轨道上是没有任何媒体素材的。因此，在剪辑媒体素材之前，首先需要将"事件浏览器"窗口中已经筛选好的片段添加至"磁性时间线"窗口的视频轨道上。

片段的添加方法很简单，首先需要在"事件浏览器"窗口选择视频片段，然后按住鼠标左键，并将其拖曳至"磁性时间线"窗口的视频轨道上，此时光标下方会出现一个绿色的圆形"+"标志，如图3-1所示。释放鼠标左键后，即可完成视频片段的添加，如图3-2所示。

图3-1

图3-2

3.1.2 实战——调整片段位置

将片段排列在"磁性时间线"窗口的视频轨道上后，如果需要调整某个视频片段的位置，则需要通过鼠标拖曳进行调整。下面具体介绍调整片段位置的方法。

01 启动Final Cut Pro X软件，执行"文件"|"新建"|"资源库"命令，打开"存储"对话框，设置新建资源库的存储位置，并设置新资源库的名称为"第3章"，单击"存储"按钮，新建一个资源库。

02 在"事件资源库"窗口的空白处右击，在弹出的快捷菜单中，选择"新建事件"命令，打开"新建事件"对话框，设置"事件名称"为"3.1.2"，单击"好"按钮，新建一个事件。

03 在"事件浏览器"窗口的空白处右击，打开快捷菜单，选择"导入媒体"命令，打开"媒体导入"对话框，在"名称"下拉列表框中，选择对应文件夹下的"花馍"和"爱心飘舞"视频素材，如图3-3所示。

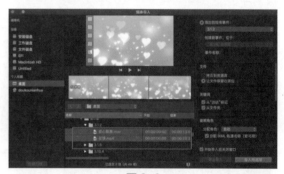

图3-3

04 单击"导入所选项"按钮，将选择的视频素材导入"事件浏览器"窗口，如图3-4所示。

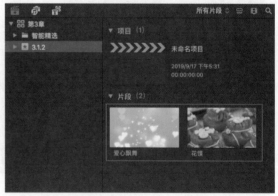

图3-4

05 在"事件浏览器"窗口中，选择所有的视频素材，拖曳至"磁性时间线"窗口的视频轨道上。在拖曳过程中，光标将显示绿色的圆形"+"标记，如图3-5所示。

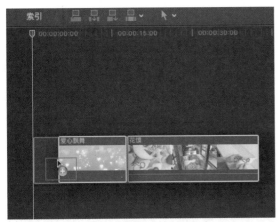

图 3-5

06 释放鼠标左键，即可将选择的视频片段添加
至"磁性时间线"窗口的视频轨道上，如
图3-6所示。

图 3-6

07 在"磁性时间线"窗口的视频轨道上，选择
左侧视频片段进行拖曳，如图3-7所示。

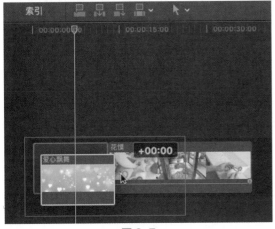

图 3-7

08 拖曳至右侧视频片段的末尾，释放鼠标左
键，即可调整片段的位置，如图3-8所示。

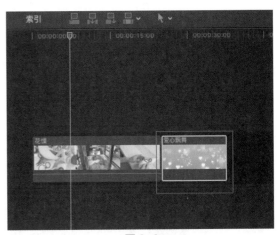

图 3-8

技巧与提示　在对片段进行拖曳时，片段上会出
现白色的数字，表示该片段在时间线上移
动的位置。向左移动时，数字前的符号为
"-"，向右移动时符号为"+"。

3.1.3　定位片段位置

在"磁性时间线"窗口的视频轨道中添加片
段后，通过"在浏览器中显示"功能，可以快速
找到正在使用的任何片段的源事件片段。如果用
户想要复制项目中的片段，或将同一片段添加到
不同项目，使用该功能非常有效。

定位片段位置的具体方法是：在"磁性时间
线"窗口的视频轨道上，选择视频片段，然后执
行"文件"|"在浏览器中显示"命令，如图3-9
所示，即可在"事件浏览器"窗口中定位片段的
位置。

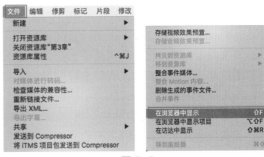

图 3-9

3.1.4 复制与删除片段

当需要对已经添加好的视频片段进行复制操作时，可以执行"编辑"|"复制片段"命令，如图3-10所示，复制后的片段将会添加"副本"名称，如图3-11所示。

图3-10　　　　　图3-11

如果需要删除多余的视频片段，则可以在"事件浏览器"窗口中右击视频片段，打开快捷菜单，选择"移到废纸篓"命令，如图3-12所示。执行该命令后即可删除视频片段。

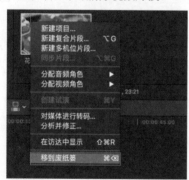

图3-12

3.1.5 实战——展开与分离音频

在Final Cut Pro X中编辑视频素材时，使用"分离视频"功能，可以将视频中的音频素材单独分离出来，从而对视频或音频素材进行单独操作。下面介绍分离音频的方法。

01 在"事件资源库"窗口的空白处右击，在弹出的快捷菜单中，选择"新建事件"命令，打开"新建事件"对话框，设置"事件名称"为"3.1.5"，单击"好"按钮，新建一个事件。

02 在"事件浏览器"窗口的空白处右击，打开快捷菜单，选择"导入媒体"命令，打开"媒体导入"对话框，在"名称"下拉列表框中，选择对应文件夹下的"海中乌龟"视频素材，如图3-13所示。

图 3-13

03 单击"导入所选项"按钮，将选择的视频素材导入"事件浏览器"窗口，如图3-14所示。

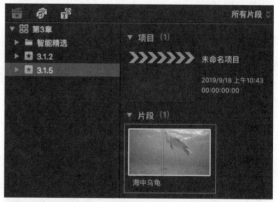

图 3-14

04 选择视频片段，将其添加至"磁性时间线"窗口的视频轨道上，如图3-15所示。

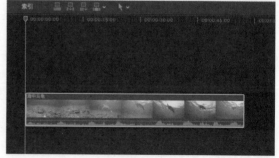

图 3-15

05 右击视频片段，打开快捷菜单，选择"分离音频"命令，如图3-16所示。

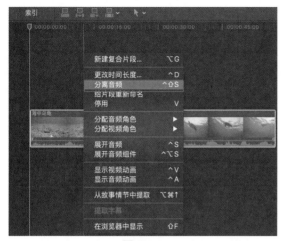

图 3-16

06 操作完成后，即可将素材片段中的音频和视频进行分离，并在"磁性时间线"窗口中的视频轨道和音频轨道上分别显示，如图3-17所示。

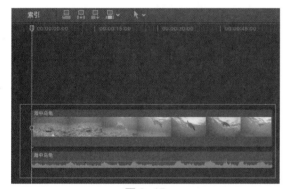

图 3-17

技巧与提示　除了用上述方法可以分离视频和音频外，用户还可以在选择视频片段后，执行"片段"|"分离音频"命令，来实现视音频的分离。

3.1.6　使用源媒体编辑片段

在"源媒体"命令中提供了3种编辑片段的方式，如图3-18所示。在"源媒体"列表框中，选择"全部"命令，可以将视频和音频都添加到"磁性时间线"窗口的视频轨道上；选择"仅视频"命令，可以在"磁性时间线"窗口的视频轨道上仅添加所选片段的视频部分，而该片段中的音频部分将自动删除，不会放入"磁性时间线"窗口中的轨道上；选择"仅音频"命令，可以在"磁性时间线"窗口的视频轨道上仅添加所选片段的音频部分。

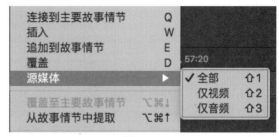

图 3-18

3.1.7　独奏与停用片段

在进行视频编辑的过程中，有时需要对项目中的某一片段或某一部分进行反复地观看与斟酌，为了防止"磁性时间线"窗口中其他轨道上的片段干扰，可以使用"独奏"与"停用"功能。

1. 独奏片段

选择"磁性时间线"窗口中视频轨道上的视频片段，执行"片段"|"独奏"命令，如图 3-19所示；或在"磁性时间线"窗口中，单击"独奏所选项"按钮，即可激活"独奏"功能。此时，音频轨道上的音频片段将变为灰色，如图 3-20所示。

图 3-19

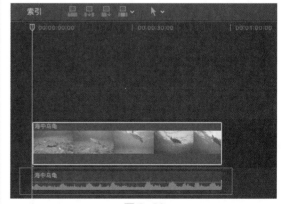

图 3-20

在启用"独奏"功能后，按空格键播放项目，此时"磁性时间线"窗口中的音频片段被屏蔽，只能预览所选的视频片段内容。

2. 停用片段

选择"磁性时间线"窗口中的视频轨道上的视频片段，执行"片段"|"停用"命令，如图3-21所示，即可停用选择的视频片段。停用后的所选片段将显示为灰色，并且在播放项目时，所选片段的音频与视频均被屏蔽，如图3-22所示。

在停用片段后，如果要启用该片段，则可以在停用的片段上右击，打开快捷菜单，选择"启用"命令。

图 3-21

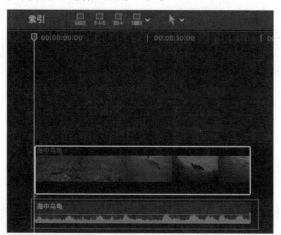

图 3-22

3.2 连接、插入、追加和覆盖

在Final Cut Pro X中，可以通过"插入""覆盖""连接"和"追加"等方式来添加片段，从而创建出基本的故事情节，这是剪辑工作中的基本环节。本节介绍在"磁性时间线"窗口轨道中添加片段的各种方法。

3.2.1 实战——运用"连接"方式添加片段

通过"连接"方式添加片段，可以将选择的片段以"连接片段"的形式，连接到主要故事情节中现有的片段上。下面介绍如何运用"连接"方式添加片段。

01 在"事件资源库"窗口的空白处右击，在弹出的快捷菜单中，选择"新建事件"命令，打开"新建事件"对话框，设置"事件名称"为"3.2.1"，单击"好"按钮，新建一个事件。

02 在"事件浏览器"窗口的空白处右击，打开快捷菜单，选择"导入媒体"命令，打开"媒体导入"对话框，在"名称"下拉列表框中，选择对应文件夹下的"写字"和"城市风格"视频素材，如图3-23所示。

图 3-23

03 单击"导入所选项"按钮，将选择的视频素材导入"事件浏览器"窗口，如图3-24所示。

图 3-24

通过"连接"方式可以将片段直接拖曳到时间线上与主要故事情节相连，作为连接片段存在的视频片段排列在主要故事情节的上方，而音频片段则排列在下方。

04 在"事件浏览器"窗口中，选择"城市风光"视频片段，将其添加至"磁性时间线"窗口的视频轨道上，然后将时间线移至00:00:03:16的位置，如图3-25所示。

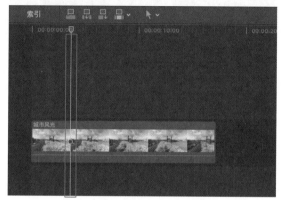

图 3-25

05 在"事件浏览器"窗口中，选择"写字"视频片段，然后在"磁性时间线"窗口的左上角，单击"将所选片段连接到主要故事情节"按钮，如图3-26所示。

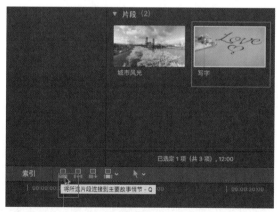

图 3-26

06 操作完成后，即可通过"连接"方式，将选择的片段添加至"磁性时间线"窗口的主要故事情节上方，如图3-27所示。

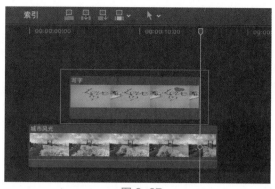

图 3-27

3.2.2 实战——运用"插入"方式添加片段

通过"插入"方式，可以将所选片段插入指定的播放器位置。在使用"插入"命令后，时间线上故事情节的持续时间将会延长。下面为大家介绍如何运用"插入"方式添加片段。

01 在"事件资源库"窗口的空白处右击，在弹出的快捷菜单中，选择"新建事件"命令，打开"新建事件"对话框，设置"事件名称"为"3.2.2"，单击"好"按钮，新建一个事件。

02 在"事件浏览器"窗口的空白处右击，打开快捷菜单，选择"导入媒体"命令，打开"媒体导入"对话框，在"名称"下拉列表框中，选择对应文件夹下的"大象"视频素材，如图3-28所示。

图 3-28

03 单击"导入所选项"按钮，将选择的视频素材导入"事件浏览器"窗口，如图3-29所示。

图 3-29

04 在"事件浏览器"窗口中，选择"大象"视频片段，将其添加至"磁性时间线"窗口的视频轨道上，如图 3-30 所示。

图 3-30

05 将时间线移至 00:00:02:10 的位置，在"事件浏览器"窗口中，选择"大象"视频片段，然后在"磁性时间线"窗口的左上角，单击"所选片段插入到主要故事情节或所选故事情节"按钮，如图 3-31 所示。

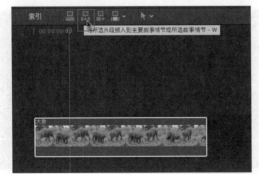

图 3-31

 时间线在软件中的官方说法是播放指示器，通过播放指示器，可以确定视频的某个帧的播放位置。

06 上述操作完成后，即可用"插入"方式将选择的片段添加至"磁性时间线"窗口的视频片段中间，如图 3-32 所示。

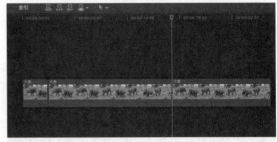

图 3-32

3.2.3 实战——运用"追加"方式添加片段

使用"追加"方式可以将新的片段添加到故事情节的末尾，并且不受时间线位置的影响。下面介绍如何运用"插入"方式添加片段。

01 在"事件资源库"窗口的空白处右击，在弹出的快捷菜单中，选择"新建事件"命令，打开"新建事件"对话框，设置"事件名称"为"3.2.3"，单击"好"按钮，新建一个事件。

02 在"事件浏览器"窗口的空白处右击，打开快捷菜单，选择"导入媒体"命令，打开"媒体导入"对话框，在"名称"下拉列表框中，选择对应文件夹下的"螳螂"视频素材，单击"导入所选项"按钮，将选择的视频片段导入"事件浏览器"窗口，如图 3-33 所示。

图 3-33

03 在"事件浏览器"窗口中，选择"螳螂"视频片段，将其添加至"磁性时间线"窗口的视频轨道上，如图3-34所示。

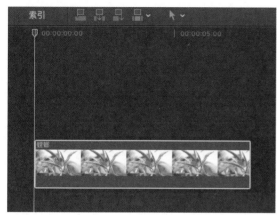

图 3-34

04 在"事件浏览器"窗口中，选择"螳螂"视频片段，然后在"磁性时间线"窗口的左上角，单击"将所选片段追加到主要故事情节或所选故事情节"按钮，如图3-35所示。

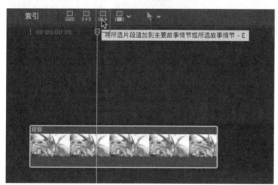

图 3-35

05 上述操作完成后，即可用"追加"方式将选择的片段添加至"磁性时间线"窗口中视频片段的末尾，如图3-36所示。

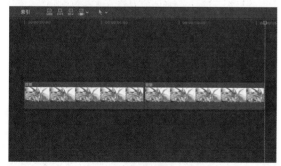

图 3-36

 在执行"插入""追加到故事情节"和"覆盖"命令时，会直接将所选片段以相应的方式添加到主要故事情节中。如果需要将片段添加到次级故事情节中，则需要先对该故事情节进行选择。

3.2.4 实战——运用"覆盖"方式添加片段

使用"覆盖"方式添加片段，可以从时间线位置开始，向后覆盖视频轨道中原有的片段。在使用"覆盖"命令后，整个项目的时间长度不会发生改变。下面为大家介绍如何运用"覆盖"方式添加片段。

01 在"事件资源库"窗口的空白处右击，在弹出的快捷菜单中，选择"新建事件"命令，打开"新建事件"对话框，设置"事件名称"为"3.2.4"，单击"好"按钮，新建一个事件。

02 在"事件浏览器"窗口的空白处右击，打开快捷菜单，选择"导入媒体"命令，打开"媒体导入"对话框，在"名称"下拉列表框中，选择对应文件夹下的"公路"视频素材，单击"导入所选项"按钮，将选择的视频片段导入"事件浏览器"窗口，如图3-37所示。

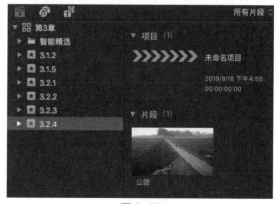

图 3-37

03 在"事件浏览器"窗口中，选择"公路"视频片段，将其添加至"磁性时间线"窗口的视频轨道上，如图3-38所示。

41

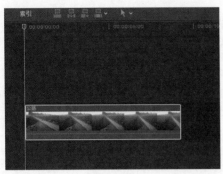

图 3-38

04 将时间线移至00:00:03:00的位置，在"事件浏览器"窗口中，选择"公路"视频片段，然后在"磁性时间线"窗口的左上角，单击"用所选片段覆盖主要故事情节或所选故事情节"按钮，如图3-39所示。

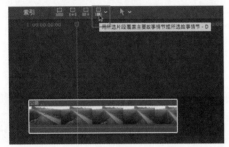

图 3-39

05 上述操作完成后，即可用"覆盖"方式将选择的片段添加至"磁性时间线"窗口中视频片段的时间线位置，如图3-40所示。

图 3-40

3.3 试演片段

利用"试演"功能可以在"磁性时间线"窗口中视频轨道上的同一个位置放置多个片段，再根据具体的要求随时调用，避免反复地修改。本

节介绍试演片段的一些创建和编辑操作，包括创建试演片段、复制为试演片段、从原件复制试演片段等。

3.3.1 创建试演片段

使用"试演"命令可以将"事件浏览器"窗口中不同场景的片段衔接在一起。在创建试演片段之前，需要先在"事件浏览器"窗口中选择两个及两个以上的视频片段，才能进行建立操作。创建试演片段的方法有以下几种。

● 执行"片段"|"试演"|"创建"命令，如图3-41所示。

● 在"浏览器"窗口的空白处右击，在弹出的快捷菜单中，选择"创建试演"命令，如图3-42所示。

● 按快捷键Command+Y。

图 3-41　　　　图 3-42

在建立试演片段后，在"事件浏览器"窗口将会出现一个新的片段，只不过该片段的左上角将会多出现一个特殊的图标，如图3-43所示。

图 3-43

3.3.2 改变试演片段

在创建了试演片段后，如果要改变试演片段的数量、片段内容等，则可以对试演片段进行打开、复制、挑选、替换、添加等操作。

1. 复制为试演片段

在Final Cut Pro X中，可以使用时间线片段和该片段（包括应用的效果）的复制版本创建试演。复制为试演片段的方法有以下几种。

● 选择"磁性时间线"窗口中的试演片段，执行"片段"|"试演"|"复制为试演"命令，如图3-44所示。

● 右击"磁性时间线"窗口中的试演片段，在弹出的快捷菜单中，选择"试演"|"复制为试演"命令，如图3-45所示。

图 3-44　　　　　图 3-45

2. 从原件复制试演片段

如果要复制选定的试演片段，可以通过"从原件复制"命令来实现这一操作。在复制试演片段时，可以只复制试演片段，但不包括应用的效果。

从原件复制试演片段的具体操作方法是：选择"磁性时间线"窗口中的试演片段，执行"片段"|"试演"|"从原件复制"命令，如图3-46所示，或按快捷键Command+Shift+Y，即可复制选定的试演片段。

图 3-46

3. 挑选试演片段

如果要跳到指定的试演片段进行查看，可以通过"下一次挑选"或"上一次挑选"命令来实现这一操作。挑选试演片段有以下几种方法。

● 选择"磁性时间线"窗口中的试演片段，执行"片段"|"试演"|"下一次挑选"或"上一次挑选"命令，如图3-47所示。

● 右击"磁性时间线"窗口中的试演片段，在弹出的快捷菜单中，选择"试演"|"下一次挑选"或"上一次挑选"命令，如图3-48所示。

图 3-47　　　　　图 3-48

4. 打开试演片段

在Final Cut Pro X中，可以通过"打开试演"命令，打开"试演"对话框，查看试演片段中的视频效果。打开试演片段有以下几种方法。

● 选择"磁性时间线"窗口中的试演片段，执行"片段"|"试演"|"打开"命令，如图3-49所示。

● 右击"磁性时间线"窗口中的试演片段，在弹出的快捷菜单中，选择"试演"|"打开试演"命令，如图3-50所示。

● 按快捷键Y。

图 3-49　　　　　图 3-50

执行以上任意一种方法，均可以打开"试演"对话框，如图3-51所示，在该对话框中可以查看试演片段中的视频效果。

图 3-51

在"试演"对话框中，出现在正中央位置的片段为当前被选中的片段，片段缩略图上的信息显示为当前片段的名称及时间长度。下方标志中的蓝色表示当前片段处于激活状态，星星标志表示该片段为选中状态，圆点表示该片段为备用状态，标志的数量表示该对话框中包含的试演片段数量。

当需要在"试演"对话框中为同一个片段添加不同效果时，可以单击对话框中的"复制"按钮，对其进行复制后再进行编辑，复制后的片段名称会以"原片段名称+副本+数字"的形式命名。当确定好自己所需要的片段后，单击"完成"按钮，将它切换到时间线上即可。

5. 替换试演片段

在Final Cut Pro X中，通过"替换并添加到试演"命令可以替换试演片段。替换试演片段有以下几种方法。

● 选择"磁性时间线"窗口中的试演片段，执行"片段"|"试演"|"替换并添加到试演"命令，如图3-52所示。

● 按快捷键Shift+Y。

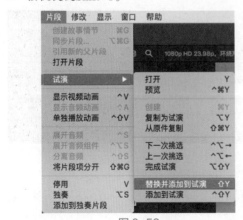

图 3-52

3.3.3 实战——试演功能的练习

下面为大家讲解在Final Cut Pro X中如何选择多个视频片段，并将其创建为试演片段。

01 在"事件资源库"窗口的空白处右击，在弹出的快捷菜单中，选择"新建事件"命令，打开"新建事件"对话框，设置"事件名称"为"3.3.3"，单击"好"按钮，新建一个事件。

02 在"事件浏览器"窗口的空白处右击，打开快捷菜单，选择"导入媒体"命令，打开"媒体导入"对话框，在"名称"下拉列表框中，选择对应文件夹下的"可爱猫咪1"和"可爱猫咪2"视频素材，单击"导入所选项"按钮，将选择的视频片段导入"事件浏览器"窗口，如图3-53所示。

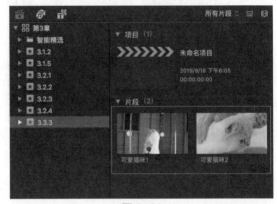

图 3-53

03 在"事件浏览器"窗口中选择所有的视频片段，然后执行"片段"|"试演"|"创建"命令，如图3-54所示。

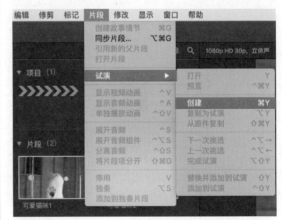

图 3-54

04 上述操作完成后，即可创建试演片段，并在"事件浏览器"窗口中显示，如图3-55所示。

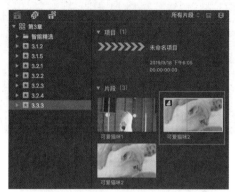

图 3-55

05 选择试演片段，将其添加至"磁性时间线"窗口中的视频轨道上，如图3-56所示。

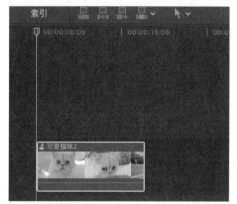

图 3-56

06 右击视频轨道上的试演片段，打开快捷菜单，选择"试演"|"预览"命令，如图3-57所示。

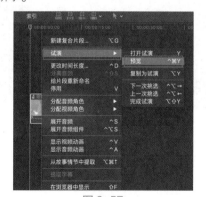

图 3-57

07 打开"正在试演"对话框，预览试演片段效果，如图3-58所示。

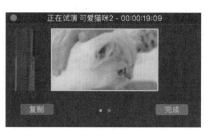

图 3-58

> **技巧与提示**　在预览试演片段效果时，使用键盘上的←或→方向键，可以在试演片段之间进行快速切换，同时"磁性时间线"窗口的片段也会相应地进行切换。

3.4 故事情节

故事情节是与主要故事情节（时间线中片段的主序列）相连的片段序列。故事情节结合了连接片段的便利性与主要故事情节的精确编辑功能。本节将为大家介绍关于故事情节的一些具体操作，包括创建故事情节、调整故事情节等。

3.4.1 创建故事情节

通过创建故事情节的方式，可以将连接片段整理成一个次级故事情节，统一地连接到主要故事情节中的片段上。在Final Cut Pro X中创建故事情节的方法主要有以下几种。

● 执行"片段"|"创建故事情节"命令，如图3-59所示。

● 在"磁性时间线"窗口中选择多个视频片段，进行右击，打开快捷菜单，选择"创建故事情节"命令，如图3-60所示。

● 用快捷键Command+G。

图 3-59　　　图 3-60

在创建故事情节后,所选的连接片段被放置到同一个横框内,合并为一个次级故事情节。最左边只有一条连接线与主要故事情节相连。次级故事情节仍是连接片段,移动与之相连的主要故事情节时,它也会同时进行移动。

3.4.2 实战——调整故事情节

在"自动设置"中,默认新建的项目规格会根据第一个视频片段的属性来进行设定,并且音频设置与渲染编码格式也是固定的。下面介绍使用自动设置创建项目的具体操作方法。

01 在"事件资源库"窗口的空白处右击,在弹出的快捷菜单中,选择"新建事件"命令,打开"新建事件"对话框,设置"事件名称"为"3.4.2",单击"好"按钮,新建一个事件。

02 在"事件浏览器"窗口的空白处右击,打开快捷菜单,选择"导入媒体"命令,打开"媒体导入"对话框,在"名称"下拉列表框中,选择对应文件夹下的"下午茶点"视频素材,单击"导入所选项"按钮,将选择的视频片段导入"事件浏览器"窗口,如图3-61所示。

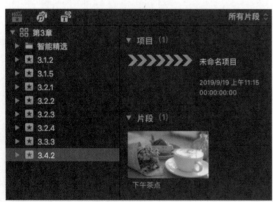

图 3-61

03 在"事件浏览器"窗口中,选择"下午茶点"视频片段,两次单击"将所选片段连接到主要故事情节"按钮 ,将其添加至"磁性时间线"窗口的对应轨道上,如图3-62所示。

04 对新添加的两个视频片段进行右击,打开快捷菜单,选择"创建故事情节"命令,如图3-63所示。

图 3-62

图 3-63

05 上述操作完成后,即可创建好故事情节,如图3-64所示,创建好的故事情节将会显示灰色的横框。

图 3-64

06 在"事件浏览器"窗口中,选择"下午茶点"视频片段,将其拖曳至故事情节的中间,此时光标右下角将显示一个绿色的圆形"+"标记,如图3-65所示。

07 释放鼠标左键,即可在已有的故事情节中间添加一个视频片段,如图3-66所示。

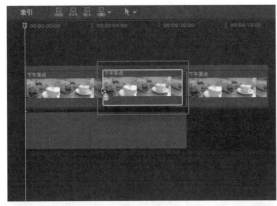

图 3-65

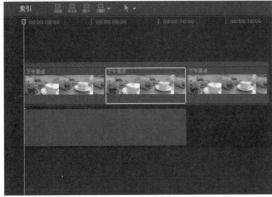

图 3-66

08 选择所有的片段，将其移动至下一个视频片段上，然后选择故事情节中的中间视频片段，按Delete键进行删除，删除片段后会保留原片段的位置，如图3-67所示。

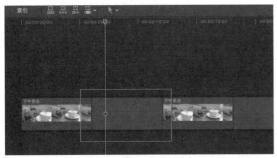

图 3-67

3.4.3 实战——故事情节的提取与覆盖

通过"提取"与"覆盖"功能，可以将故事情节进行提取与覆盖操作。下面介绍提取与覆盖故事情节的操作方法。

01 在"事件资源库"窗口的空白处右击，在弹出的快捷菜单中，选择"新建事件"命令，打开"新建事件"对话框，设置"事件名称"为"3.4.3"，单击"好"按钮，新建一个事件。

02 在"事件浏览器"窗口的空白处右击，打开快捷菜单，选择"导入媒体"命令，打开"媒体导入"对话框，在"名称"下拉列表框中，选择对应文件夹下的"红色花朵"视频素材，单击"导入所选项"按钮，将选择的视频片段导入"事件浏览器"窗口，如图3-68所示。

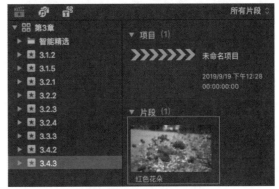

图 3-68

03 在"事件浏览器"窗口中选择"红色花朵"视频片段，将其添加至"磁性时间线"窗口的视频轨道上，然后在视频片段上右击，打开快捷菜单，选择"从故事情节中提取"命令，如图3-69所示。

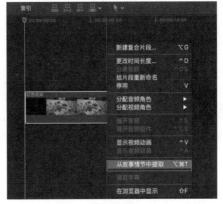

图 3-69

04 所选片段会被移动到原故事情节的上方位置，并与原故事情节相连，而原故事情节中仍保留所选片段的位置，如图3-70所示。

05 选择创建的次级故事情节中的片段后，执行"编辑"|"覆盖至主要故事情节"命令，如图3-71所示。

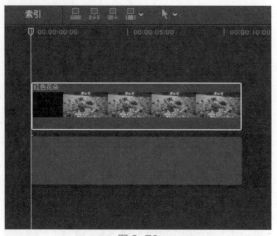

图 3-70

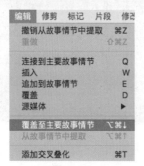

图 3-71

06 上述操作完成后，次级故事情节会向下移动，将主要故事情节中相应位置的片段进行覆盖，如图3-72所示。

图 3-72

3.4.4 次级故事情节整体分离

虽然次级故事情节很实用，但在编辑工作中经常需要不断进行修改，此时就要将次级故事情节进行整体分离操作。整体分离次级故事情节

的方法很简单，用户只需要选中已建立的次级故事情节的外边框，如图3-73所示。然后执行"片段"|"将片段项分开"命令，如图3-74所示，或按快捷键Command+Shift+G，即可将次级故事情节进行整体分离。

图 3-73

图 3-74

3.4.5 次级故事情节部分片段分离

在分离次级故事情节时，不仅可以整体分离次级故事情节，还可以将单个视频从故事情节中拆分开。分离次级故事情节部分片段的方法主要有以下3种。

● 当觉得次级故事情节中的片段过多，想要移除部分片段时，只需选中片段，然后将片段重新连接到主故事情节上，来完成单个视频的分离操作。在分离次级故事情节的部分片段后，次级故事情节后面的视频，将会自动向前填上移除视频的空隙，如图3-75所示。

图 3-75

 如果需要增加次级故事情节中的视频片段，只需要将视频片段直接放置到次级故事情节中的相应位置即可。

- 在工具栏中单击"选择工具"右侧的三角按钮，在展开的列表框中选择"位置"工具。接着，选择次级故事情节中的视频片段，将其拖曳至主故事情节上，完成单个视频的分离操作，如图3-76所示。

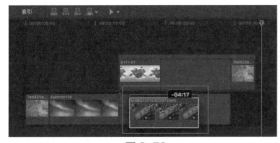

图 3-76

- 在次级故事情节中，右击单个视频片段，打开快捷菜单，选择"从故事情节中提取"命令，如图 3-77所示，即可将选择的视频片段单独分离出来。

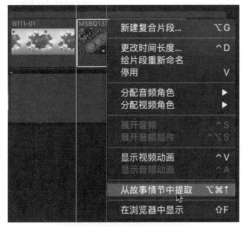

图 3-77

 在单独提取了视频片段后，如果想将提取后的视频片段覆盖到主故事情节中，则可以在提取的视频片段上右击，在弹出的快捷菜单中，选择"覆盖至主要故事情节"命令，如图3-78所示。

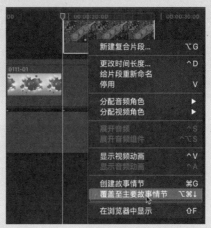

图 3-78

3.4.6 实战——制作常见次级故事情节

使用"创建故事情节"命令，可以制作出次级故事情节，将时间线中的所有视频片段连接在一起，使其成为一个整体。下面介绍制作常见次级故事情节的具体方法。

01 在"事件资源库"窗口的空白处右击，在弹出的快捷菜单中，选择"新建事件"命令，打开"新建事件"对话框，设置"事件名称"为"3.4.6"，单击"好"按钮，新建一个事件。

02 在"事件浏览器"窗口的空白处右击，打开快捷菜单，选择"导入媒体"命令，打开"媒体导入"对话框，在"名称"下拉列表框中，选择对应文件夹下的"红花"视频素材，单击"导入所选项"按钮，将选择的视频片段导入"事件浏览器"窗口，如图3-79所示。

03 在"事件浏览器"窗口中选择所有的媒体素材，添加至"磁性时间线"窗口的视频轨道上，如图3-80所示。

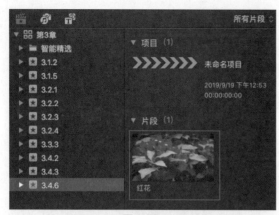

图 3-79

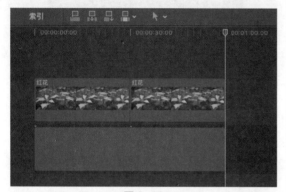

图 3-80

04 选中所有视频片段，执行"片段"|"创建故事情节"命令，如图3-81所示。

05 上述操作完成后，即可为选择的视频片段创建次要故事情节，如图3-82所示。

图 3-81

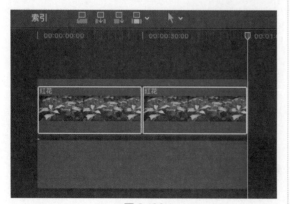

图 3-82

3.5 复合片段

使用复合片段可以一次性地、整体地施加一个单独的效果，或者将两个叠加的音频片段组合成一个音频片段放置在"磁性时间线"窗口中。本节介绍复合片段的应用方法，包括创建复合片段、修改和拆分复合片段等操作。

3.5.1 创建复合片段

复合片段类似于"嵌套"片段。就是将一个区域上的音频片段、视频片段、复合片段重新组合成一个新的片段。新的片段只有一层，且在创建的复合片段内，还可以继续修改片段内容，或是将其重新拆分，恢复其为原始状态。在Final Cut Pro X中创建复合片段的方法有以下几种。

- 执行"文件"|"新建"|"复合片段"命令，如图3-83所示。
- 在"磁性时间线"窗口的空白处右击，在弹出的快捷菜单中选择"新建复合片段"命令，如图3-84所示。
- 按快捷键Option+G。

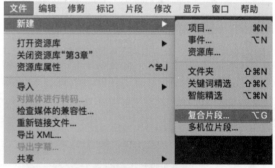

图 3-83

图 3-84

执行以上任意一种方法，均可以打开"新建复合片段"对话框，在该对话框中可以对新建的复合片段进行重命名，然后将其存储到某个事件中，设置完成后，单击"好"按钮，如图3-85所示，即可新建复合片段。

图 3-85

3.5.2　实战——修改和拆分复合片段

将视频轨道上的片段新建为复合片段后，可以对复合片段再次进行修改操作，还可以将复合片段进行拆分，使其单个呈现。下面介绍修改和拆分复合片段的具体操作方法。

01 在"事件资源库"窗口的空白处右击，在弹出的快捷菜单中，选择"新建事件"命令，打开"新建事件"对话框，设置"事件名称"为"3.5.2"，单击"好"按钮，新建一个事件。

02 在"事件浏览器"窗口的空白处右击，打开快捷菜单，选择"导入媒体"命令，打开"媒体导入"对话框，在"名称"下拉列表框中，选择对应文件夹下的"蝴蝶"和"红花"视频素材，然后单击"导入所选项"按钮，即可将选择的所有视频片段添加至"事件浏览器"窗口，如图3-86所示。

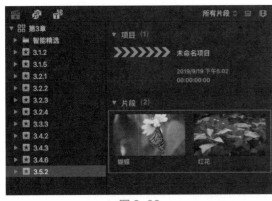

图 3-86

03 在"事件浏览器"窗口中，框选所有视频片段并进行右击操作，打开快捷菜单，选择"新建复合片段"命令，如图3-87所示。

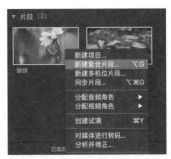

图 3-87

04 打开"新建复合片段"对话框，在"复合片段名称"文本框中输入"复合片段"，单击"好"按钮，如图3-88所示。

图 3-88

05 上述操作完成后，即可新建一个复合片段，新添加的复合片段的左上角会显示 ▣ 标记，如图3-89所示。

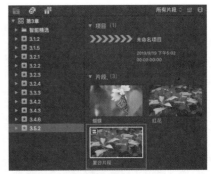

图 3-89

06 选择新添加的复合片段，将其添加至"磁性时间线"窗口的视频片段上，如图 3-90所示。

图 3-90

07 双击复合片段，显示复合片段内容，将鼠标指针移至视频片段的右侧，当鼠标指针呈双向箭头形状 时，按住鼠标左键并向右拖曳，即可调整视频片段的长度，如图 3-91 所示。

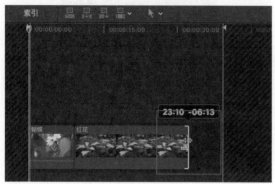

图 3-91

08 修改完复合片段后，在"磁性时间线"窗口中，单击"在时间线历史记录中返回"按钮 ，返回到原来的编辑状态。再次将鼠标移至视频片段的右侧，当鼠标呈双向箭头形状 时，按住鼠标左键并向右拖曳，即可调整视频片段的长度，如图3-92所示。

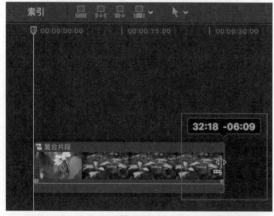

图 3-92

09 选择复合片段，执行"片段"|"将片段项分开"命令，如图3-93所示。

10 此时"磁性时间线"窗口中视频轨道上的复合片段被展开为未进行整合之前的状态，如图3-94所示。

图 3-93

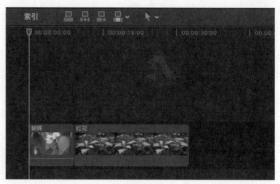

图 3-94

技巧与提示　虽然"磁性时间线"窗口中的复合片段被拆分，但是该复合片段仍旧存在于"事件浏览器"窗口中。

3.6　三点编辑

三点编辑中的"点"指的是事件浏览器中的出入点和时间线中片段的出入点。因此，在剪辑视频素材时，可以通过三点编辑的方式实现。本节就为各位读者详细讲解Final Cut Pro X软件中三点编辑的具体方法。

3.6.1　实战——三点编辑连接片段

在Final Cut Pro X软件中，可以根据两对出入点中的三个点进行剪辑操作。下面为大家介绍三点编辑连接片段的具体操作方法。

01 执行"文件"|"新建"|"事件"命令，打开"新建事件"对话框，设置"事件名称"为"3.6.1"，单击"好"按钮，新建一个事件。

02 在"事件浏览器"窗口的空白处右击，打开快捷菜单，选择"导入媒体"命令，打开"媒体导入"对话框，在"名称"下拉列表框中，选择对应文件夹下的"翱翔的大雁"视频素材，然后单击"导入所选项"按钮，即可将选择的视频素材导入添加至"事件浏览器"窗口中，如图3-95所示。

03 选择新添加的视频素材，将其添加至"磁性时间线"窗口的视频轨道上，如图3-96所示。

图 3-95

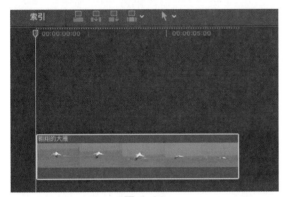

图 3-96

04 在"磁性时间线"窗口中，将时间线移至视频片段的结束帧位置，按快捷键Q，即可将选择范围内的视频片段添加至时间线，并使用三点编辑，自动将所选片段的开始点和时间线中视频片段的结束帧对齐，如图3-97所示。

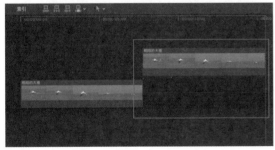

图 3-97

05 在"磁性时间线"窗口中，将时间线移至视频片段的结束帧位置，按快捷键Shift+Q，将选择范围内的视频片段添加至时间线，并使用三点编辑，自动将"浏览器"窗口中所选片段的结束点与时间线视频片段的结束帧对齐，如图3-98所示。

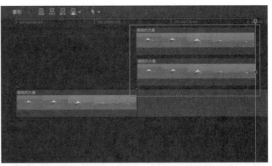

图 3-98

3.6.2　反向时序的三点编辑示例

在三点编辑类型中，可以执行反向时序三点编辑。其中结束点（而不是开始点）将与浏览器或时间线中的浏览条或播放头位置对齐。

在"事件浏览器"窗口中选择视频片段后，使用"范围选择"工具，为选择的片段设置好开始点和结束点，如图3-99所示。在"磁性时间线"窗口中，将时间线移至视频片段的结束帧位置，按快捷键Shift+Q，使用连接编辑。此时，在"事件浏览器"窗口中选择片段的结束点会与时间线视频片段的结束帧对齐，其长度范围与"事件浏览器"窗口中所选择的范围相同。

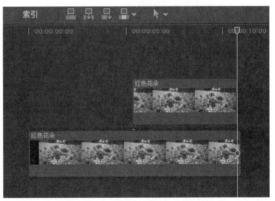

图 3-99

3.6.3　多个片段进行三点编辑

如果要将整组镜头拖曳到时间线上，或者整组替换掉时间线上的组镜，可以利用三点编辑功能将"浏览器"窗口中的多个片段放在时间线中，进行编辑工作。

多个片段进行三点编辑的具体方法是：在

"事件浏览器"窗口中，使用"范围选择"工具 框选两个片段，然后在"磁性时间线"窗口 中，将时间线移至相应视频片段的开始帧位置，按快捷键Q，使用连接编辑。此时，在"事件浏览器"窗口中选择的片段，将会以时间线片段的首帧为开始点向后延续，如图3-100所示。

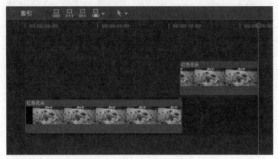

图 3-100

3.7 添加和编辑静止图像

在进行视频剪辑时，使用"静帧"功能可以制作与输出静帧图像。本节详细讲解在Final Cut Pro X软件中添加与编辑静止图像的具体操作方法。

3.7.1 制作静帧图像

在剪辑视频片段中，直接在片段中添加静帧可以制作出停格或强调效果。添加静帧图像的方法有以下几种。

● 选择时间线中的视频片段，然后将时间线移动到需要制作"静帧"效果的位置，执行"编辑"|"添加静帧"命令，如图3-101所示。操作完成后，时间线所在位置将会添加一个静帧画面，如图3-102所示。

图 3-101

图 3-102

● 在"事件浏览器"窗口中的视频片段上选择需要制作静帧的画面，然后执行"编辑"|"连接静帧"命令，如图3-103所示。操作完成后，制作的静帧将以连接片段的形式连接在主要故事情节中的原片段上，如图3-104所示。

● 按快捷键Option+F。

图 3-103

图 3-104

 在为时间线中的片段创建静帧后，静帧会以时间线位置为开始点，直接插入时间线上，整个项目的持续时间会延长。而为"浏览器"窗口中的片段创建静帧后，静帧会以连接片段的形式连接到主要故事情节中时间线所在的位置，整个项目的持续时间不会发生改变。

3.7.2 输出静帧图像

在制作了静帧图像后，使用"储存当前帧"选项可以将静帧图像输出保存在电脑中。具体的操作方法是：选择静帧图像，然后执行"文件"|"共享"|"存储当前帧"命令，如图3-105所示，打开"存储当前帧"对话框，在对话框中选择"设置"选项，展开"导出"选项的列表框，包含有多种输出格式文件的选项，选择合适的图像选项，如图3-106所示，单击"下一步"按钮，打开"存储为"对话框，设置好存储路径和名称，单击"存储"按钮，即可输出静帧图像。

图 3-105

图 3-106

 默认情况下，在进行静帧图像的输出操作时，会发现"共享"菜单中没有"存储当前帧"选项。此时，可以在"共享"菜单中选择"添加目的位置"命令，打开"目的位置"对话框，在左侧的列表框中选择"添加目的位置"选项，在右侧列表框中选择"存储当前帧"图标，然后按住鼠标左键并拖曳至左侧的列表框中，完成"存储当前帧"选项的添加。

3.7.3 PSD文件的应用

Final Cut Pro X是一款强大的视频编辑软件，具有较好的兼容性，因此可以与多个软件或硬件搭配使用，例如，直接在视频片段中添加PSD分层文件。

在Final Cut Pro X软件中应用PSD分层文件的方法很简单，通过"导入媒体"命令，将PSD分层文件导入"浏览器"窗口，将导入的PSD分层文件添加至时间线中，然后双击PSD文件片段，则PSD文件将在其他时间线中展开，如图3-107所示。展开的PSD文件分为3层，在Final Cut Pro X软件中可以编辑3层中的任意一层，编辑操作包括放大、缩小、调整单层位置、添加关键帧动画等。

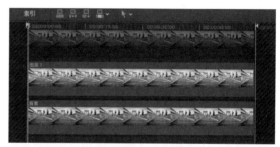

图 3-107

 当导入的PSD文件左上角没有"多层文件"图标时，即使文件扩展名为.psd，双击该片段也无法在"磁性时间线"窗口中将其展开。针对这一情况，应将PSD文件重新导入Photoshop中，将颜色模式由CMYK转换为RGB。

3.7.4 制作快速抽帧

抽帧就是将片段中的个别单帧进行单独抽取，然后组成新的片段。快速抽帧的方法与制作静帧图像的方法类似，用户在"事件浏览器"窗口中的视频片段上选择需要制作静帧的画面，然后执行"编辑"|"连接静帧"命令，即可完成抽帧操作。

3.7.5 实战——调整抽帧画面的长度

在抽帧静态图像后，通过"更改时间长度"命令，可以重新调整抽帧画面的长度。下面详细介绍调整抽帧画面长度的具体方法。

01 执行"文件"|"新建"|"事件"命令，打开"新建事件"对话框，设置"事件名称"为"3.7.5"，单击"好"按钮，新建一个事件。

02 在"事件浏览器"窗口的空白处右击，打开快捷菜单，选择"导入媒体"命令，打开"媒体导入"对话框，在"名称"下拉列表框中，选择对应文件夹下的"彩色糖果"视频素材，然后单击"导入所选项"按钮，将选择的视频素材导入添加至"事件浏览器"窗口中，如图3-108所示。

03 在"事件浏览器"窗口中选择新添加的视频片段，将其添加至"磁性时间线"窗口的视频轨道上，如图3-109所示。

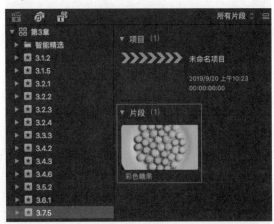

图 3-108

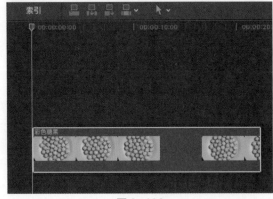

图 3-109

04 将时间线移至00:00:06:03的位置，选择"磁性时间线"窗口上的视频片段，按快捷键Option+F，即可制作指定位置的静帧图像，如图3-110所示。

05 选择"磁性时间线"窗口的静帧图像，执行"修改"|"更改时间长度"命令，如图3-111所示。

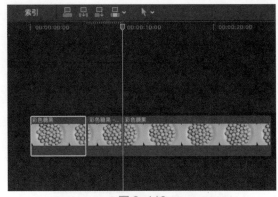

图 3-110

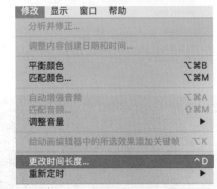

图 3-111

06 在"监视器"窗口中的时间码中修改时间长度为00:00:15:00，如图3-112所示。

图 3-112

07 按回车键，即可完成静帧图像时间长度的修改，如图3-113所示。

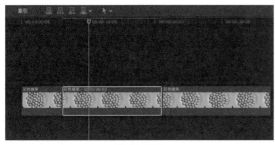

图 3-113

3.8 调整影片速度

将画面与背景音乐同步后，有时会发现配音的时间长度与画面的时间长度不完全一致，这时候就需要在不影响影片故事情节的前提下，根据音乐的节奏来适当调整影片的播放速度，使音画时间长度一致。本节就为各位读者详细讲解在Final Cut Pro X软件中调整影片速度的方法。

3.8.1 均速更改片段速度

在Final Cut Pro X软件中，可以对片段进行均匀和变速等速度调整操作，同时保留音频的音高。在匀速调整视频片段时，可以通过"快速""慢速"和"自定义速度"这3种方式来进行设置，不同的播放速度会产生不同的时间长度。

1. 慢速播放片段

如果想将视频片段慢速播放，则可以选择"慢速"菜单中的命令来进行调整。设置片段慢速播放的方法有以下几种。

- 选择视频片段，执行"修改"|"重新定时"|"慢速"命令，在展开的子菜单中，选择对应的慢速命令，可以不同程度的慢速播放效果，如图3-114所示。

- 选择视频片段，执行"修改"|"重新定时"|"显示重新定时编辑器"命令，在选择的片段上显示重新定时编辑器，然后单击指示条上文字右侧的三角按钮 ，展开列表框，选择"慢速"命令，然后在展开的列表选项中选择合适的数值即可，如图3-115所示。

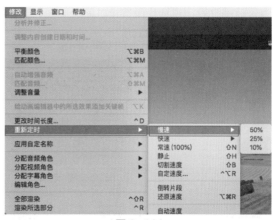

图 3-114

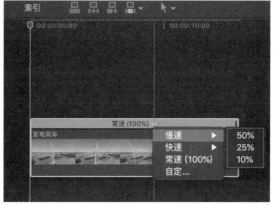

图 3-115

执行以上任意一种方法，均可以将视频片段的播放速度调整为慢速。当调整为慢速后，视频片段的持续时间会增长，且指标条变为橙色，如图3-116所示。

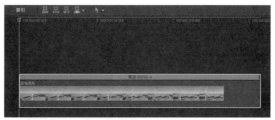

图 3-116

2. 快速播放片段

如果想将视频片段进行快速播放，并缩短视频片段的持续时间，则可以选择"快速"菜单中的命令进行调整。

调整片段快速播放的方法很简单，用户只需要选择视频片段，然后执行"修改"|"重新定时"|"快速"命令，在展开的子菜单中，可以选择相应的快速命令，如图3-117所示。当片段调整

为快速播放后，视频片段持续时间会缩短，且指标条变为蓝色，如图3-118所示。

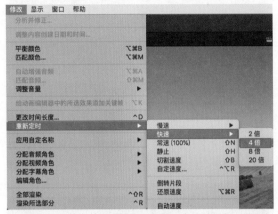

图 3-117

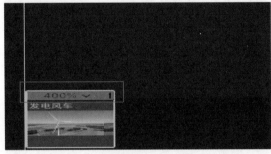

图 3-118

3. 自定速度播放片段

通过"自定速度"命令，可以自定义片段的播放速度。选择视频片段，执行"修改"|"重新定时"|"自定速度"命令，如图 3-119所示。打开"自定速度"对话框，在对话框中可以对视频片段的播放方向、速度和时间长度等参数进行设置，如图 3-120所示。

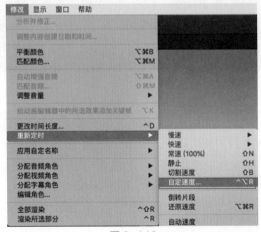

图 3-119

图 3-120

"自定速度"对话框中各主要选项的含义如下。

- "方向"选项区：该选项区用来决定视频片段的播放方向。单击"正向"单选按钮，则视频片段按照正常顺序播放；单击"倒转"单选按钮，可以将视频片段反向播放。

- "速率"单选按钮：单击该单选按钮，可以调整播放速度参数值，当速率百分比数值越大，说明播放速度越快。

- "时间长度"单选按钮：单击该单选按钮，可以调整视频片段的播放时长。

- "波纹"复选框：勾选该复选框后，在修改片段速度时，其持续时间会相应发生变化。

- "还原"按钮 ：单击该按钮，可以将设定恢复到正常状态。

3.8.2　使用变速方法改变片段速率

使用"切割视频"命令，可以在视频片段中设定某个点，将片段的一部分进行快速播放，而另一部分进行慢速播放，使画面有节奏地进行变化。

将时间线移至合适位置，执行"修改"|"重新定时"|"切割速度"命令，如图3-121所示，则可以将时间线等分为两部分，再分割视频片段后，将两部分片段的速度进行慢速和快速调整，让视频进行变速播放，如图3-122所示。

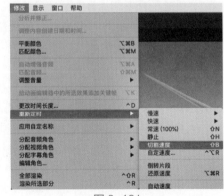

图 3-121

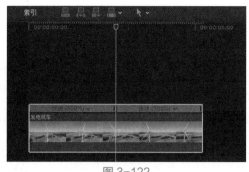

图 3-122

3.8.3　速度斜坡与快速跳剪

在Final Cut Pro X软件中调整视频播放速度时，可以调整视频的分段速度和跳剪位置。下面进行具体介绍。

1. 使用速度斜坡

通过"速度斜坡"命令可以将视频分段为4个具有不同速度百分比的部分，从而创建变化效果。

在"磁性时间线"窗口中，选择要应用速度变化效果的范围片段或整个视频片段，执行"修改"|"重新定时"|"速度斜坡"命令，如图3-123所示。如果要分段降低视频的播放速度，则可以在"速度斜坡"子菜单中，选择"到0%"命令；如果要分段提高视频的播放速度，则可以在"速度斜坡"子菜单中，选择"从0%"命令。

图 3-123

2. 使用快速跳剪

跳剪是常用的一种剪辑手法，该剪辑手法能够压缩时空，增加片段节奏感。在处理一些过于平淡的片段时，可以使用这一手法。

在时间线中，选择要应用速度变化效果的范围片段或整个视频片段，执行"修改"|"重新定

时"|"在标记处跳跃剪切"命令，如图3-124所示。在展开的子菜单中，选择不同的帧选项，可以跳跃至不同时间的帧进行剪切。

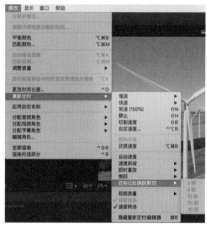

图 3-124

3.8.4　实战——快速制作变速镜头

在Final Cut Pro X软件中，通过"重新定时"功能可以依次设置视频的变速效果。下面为大家介绍变速镜头的制作方法。

01 执行"文件"|"新建"|"事件"命令，打开"新建事件"对话框，设置"事件名称"为"3.8.4"，单击"好"按钮，新建一个事件。

02 在"事件浏览器"窗口的空白处右击，打开快捷菜单，选择"导入媒体"命令，打开"媒体导入"对话框，在"名称"下拉列表框中，选择对应文件夹下的"草地的兔子"视频素材，然后单击"导入所选项"按钮，将选择的视频素材导入"事件浏览器"窗口中，如图3-125所示。

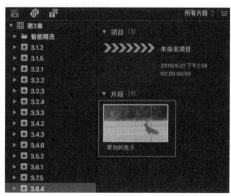

图 3-125

03 在"事件浏览器"窗口中，选择"草地的兔子"视频素材，将其添加至"磁性时间线"窗口的视频轨道上，如图3-126所示。

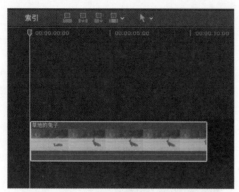

图 3-126

04 将时间线移至00:00:04:22的位置，执行"修改"|"重新定时"|"切割速度"命令，如图3-127所示。

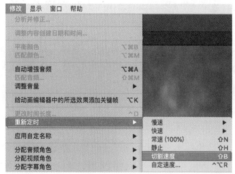

图 3-127

05 上述操作完成后，即可将视频片段的速度切割为两部分，在左侧的视频片段上，单击"常速（100%）"右侧的三角按钮，展开列表框，选择"慢速"|"50%"命令，如图3-128所示，即可将片段调整为慢速度播放。

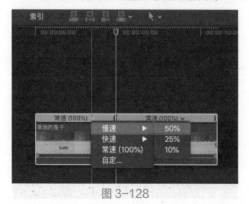

图 3-128

06 在左侧的视频片段上，单击"常速（100%）"右侧的三角按钮，展开列表框，选择"快速"|"4x"命令，如图3-129所示。

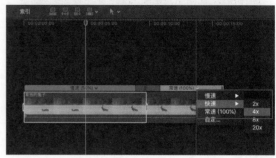

图 3-129

07 上述操作完成后，即可更改为快速度播放，在"磁性时间线"窗口中的效果如图3-130所示。

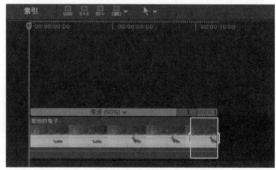

图 3-130

3.9 多机位剪辑

本节详细讲解Final Cut Pro X软件中多机位剪辑的应用方法，具体内容包括创建多机位片段、预览和修改多机位片段等。

3.9.1 创建多机位片段

在Final Cut Pro X中，创建多机位片段的方法有以下几种。

● 执行"文件"|"新建"|"多机位片段"命令，如图3-131所示。

● 在"事件浏览器"窗口中，框选媒体素材，然后右击，打开快捷菜单，选择"新建多机位片段"命令，如图3-132所示。

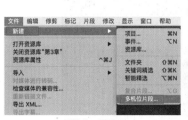

图 3-131　　　　　　图 3-132

执行以上任意一种方法，均可以打开"多机位片段名称"对话框，如图3-133所示。设置好多机位片段名称、事件、起始时间码等参数，单击"好"按钮，即可创建多机位片段。在创建了多机位片段后，片段的左上角会出现一个"多机位片段"的标志▦，如图3-134所示。

图 3-133

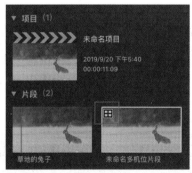

图 3-134

3.9.2　预览多机位片段

在创建了多机位片段后，预览多机位片段的方法有以下几种。

● 执行"显示"|"在检视器中显示"|"角度"命令，如图3-135所示。

● 在"检视器"窗口中，单击"显示"右侧的三角按钮，展开列表框，选择"角度"命令，如图3-136所示。

● 按快捷键Shift+Command+7。

图 3-135

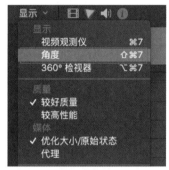

图 3-136

执行以上任意一种方法，均可以预览多机位片段。在"检视器"窗口中的画面会一分为二，可以同时对多机位片段中各个角度的画面进行实时预览。左侧的"角度检视器"显示多机位片段的画面，每个角度画面的左下角显示了该角度机位的名称。右侧"检视器"显示当前正在进行播放的画面，如图3-137所示。

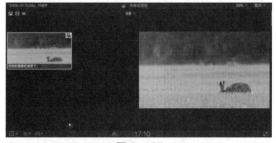

图 3-137

在预览多机位片段时，如果要设置多机位显示数量，可以单击右上角"设置"选项右侧的三角按钮，展开列表框，如图3-138所示，选择对应的角度数量选项即可。

图 3-138

3.9.3 实战——修改多机位片段

通过"新建多机位片段"功能创建多机位片段后，可以对已经创建好的多机位片段的角度和数量进行设置。下面介绍修改多机位片段的具体操作方法。

01 执行"文件"|"新建"|"事件"命令，打开"新建事件"对话框，设置"事件名称"为"3.9.3"，单击"好"按钮，新建一个事件。

02 在"事件浏览器"窗口的空白处右击，打开快捷菜单，选择"导入媒体"命令，打开"媒体导入"对话框，在"名称"下拉列表框中，选择对应文件夹下的"可爱小脚丫"视频素材，然后单击"导入所选项"按钮，将选择的视频素材导入"事件浏览器"窗口中，如图3-139所示。

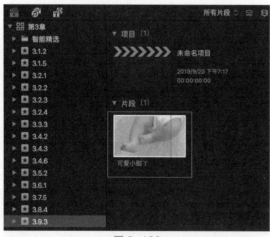

图 3-139

03 在"事件浏览器"窗口中，右击新添加的片段，在弹出的快捷菜单中，选择"新建多机位片段"命令，如图3-140所示。

图 3-140

04 打开"多机位片段名称"对话框，设置其名称为"多机位片段"，单击"好"按钮，如图3-141所示。

图 3-141

05 上述操作完成后，即可新建一个多机位片段，并在"事件浏览器"窗口中显示，如图3-142所示。

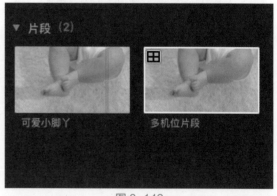

图 3-142

06 将视频素材添加至"磁性时间线"窗口的视频轨道上，展开多机位片段，然后选择视频片段，单击其右上角的三角按钮，展开列表框，选择"添加角度"命令，如图3-143所示。

07 完成操作后，即可添加一个角度。接着，单击"未命名"右侧的三角按钮，展开列表框，选择"同步到监视角度"命令，如图3-144所示。

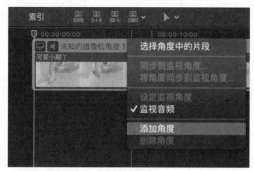

图 3-143

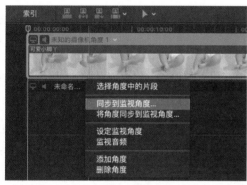

图 3-144

08 完成上述操作后，即可同步多机位片段的角度，单击"完成"按钮，得到最终效果如图3-145所示。

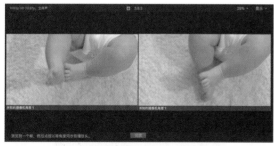

图 3-145

3.10 编辑中常用的便捷方式

在Final Cut Pro X软件中，通过设置便捷方式，可以快速地剪辑视频素材。本节详细讲解Final Cut Pro X软件中常用编辑方式的具体应用。

3.10.1 时间线外观设置

当用户在进行一项规模较大的剪辑工作时，多而杂的素材难免会令人眼花缭乱，非常影响剪辑感受。此时，可以通过设置时间线的外观来改善这一问题。

在Final Cut Pro X软件中，可以更改片段在时间线中的显示方式。例如，可以显示带有或不带有视频连续画面或音频波形的片段；还可以更改片段的垂直高度，以及调整视频连续画面的相对大小和片段缩略图中的音频波形；更可以仅显示片段标签。

设置时间线外观的具体方法是：在"磁性时间线"窗口中，单击"更改片段在时间线中的外观"按钮，打开"片段设置"对话框，如图3-146所示。如果要调整连续画面的显示和波形，则可以在对话框中单击"更改片段在时间线中的外观"按钮；如果要显示片段的名称和角度，则可以勾选"片段名称"和"片段角色"复选框。

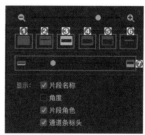

图 3-146

"片段设置"对话框中各主要选项的含义如下。

● **1** 按钮：单击该按钮，可以显示仅带有大型音频波形的片段。

● **2** 按钮：单击该按钮，可以显示带有大型音频波形和小型连续画面的片段。

● **3** 按钮：单击该按钮，可以显示带有等大的音频波形和视频连续画面的片段。

● **4** 按钮：单击该按钮，可以显示带有小型音频波形和大型连续画面的片段。

● **5** 按钮：单击该按钮，可以显示仅带有大型连续画面的片段。

● **6** 按钮：单击该按钮，可以只显示片段标签。

● ⑦ ■━━━━━━━■选项区：在该选项区中，
可以拖动滑块调整时间线中的垂直高度；向
左拖曳"片段高度"滑块可以减小片段高
度，向右拖曳可以增加片段高度。

● "片段名称"复选框：选中该复选框，可以
按名称查看片段。

● "角度"复选框：选中该复选框，可以按照
活跃的视频角度和活跃的音频角度的名称来
查看多机位片段。

● "片段角色"复选框：勾选该复选框，可以
按角色查看片段。

● "通道条标头"复选框：勾选该复选框，可
以始终显示通道条名称。

3.10.2 使用时码

摄像机在拍摄时会有一个时码，这个时码
会被记录到素材上，在剪辑中可以利用时码来同
步多机位片段。时码在时间线中的使用方法很简
单，与其在"事件浏览器"窗口中的使用方法类
似，通过按快捷键Control+D，然后在时码窗口中
输入数字，可以改变视频轨道上片段的长度。

3.10.3 实战——时间线上按钮的使用

在Final Cut Pro X软件中，通过激活"更改片
段在时间线中的外观"按钮 ▦ ，可以改变片段的
外观。下面以"更改片段在时间线中的外观"按
钮为例，为大家介绍时间线上按钮的使用方法。

01▸ 执行"文件"|"新建"|"事件"命令，打开
"新建事件"对话框，设置"事件名称"为
"3.10.3"，单击"好"按钮，新建一个事件。

02▸ 在"事件浏览器"窗口的空白处右击，打开
快捷菜单，选择"导入媒体"命令，打开
"媒体导入"对话框，在"名称"下拉列表
框中，选择对应文件夹下的"浇花"视频素
材，然后单击"导入所选项"按钮，将选择
的视频素材导入"事件浏览器"窗口，如
图3-147所示。

03▸ 在"事件浏览器"窗口中，选择"浇花"视
频素材，将其添加至"磁性时间线"窗口的
视频轨道上，如图3-148所示。

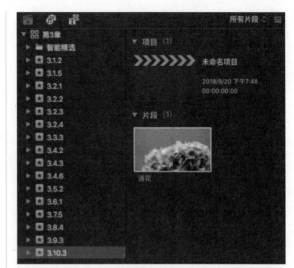

图 3-147

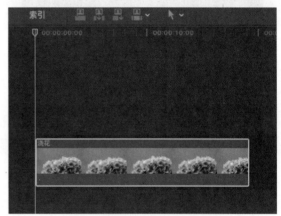

图 3-148

04▸ 在"磁性时间线"窗口的右上角，单击"更
改片段在时间线中的外观"按钮 ▦ ，展开对
话框，依次设置参数值，如图3-149所示。

图 3-149

05▸ 完成上述操作后，即可更改视频片段在"磁
性时间线"窗口中的显示外观，如图3-150
所示。

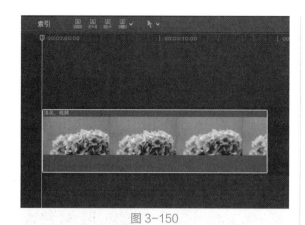

图 3-150

3.11 综合实战——剪辑"蓝天白云"视频片段

本实例练习片段的添加操作，并对添加的片段进行编辑、静帧设置、播放速度调整等操作。

01 执行"文件"|"新建"|"事件"命令，打开"新建事件"对话框，设置"事件名称"为"3.11"，单击"好"按钮，新建一个事件。

02 在"事件浏览器"窗口的空白处右击，打开快捷菜单，选择"导入媒体"命令，打开"媒体导入"对话框，在"名称"下拉列表框中，选择对应文件夹下的"蓝天白云"视频素材，然后单击"导入所选项"按钮，将选择的视频素材导入"事件浏览器"窗口，如图3-151所示。

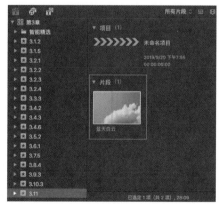

图 3-151

03 在"事件浏览器"窗口中选择"蓝天白云"视频，然后在"磁性时间线"窗口中单击"将所

选片段连接到主要故事情节"按钮，将选择的视频片段添加至"磁性时间线"窗口的视频轨道上，如图3-152所示。

图 3-152

04 选择视频片段，然后在"磁性时间线"窗口中，单击"将所选片段插入到主要故事情节或所选故事情节"按钮，将选择的视频片段添加至"磁性时间线"窗口的视频轨道上，如图3-153所示。

05 将时间线移至00:00:07:10的位置，然后执行"编辑"|"连接静帧"命令，即可在相应的轨道上添加静帧图像，如图3-154所示。

图 3-153

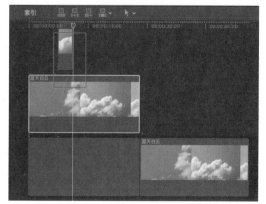

图 3-154

06 选择左侧的视频片段，执行"修改"|"重新定时"|"慢速"|"50%"命令，如图3-155所示。

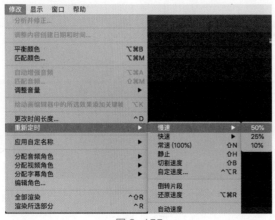

图 3-155

07 选择右侧的视频片段，执行"修改"|"重新定时"|"快速"|"4倍"命令，如图3-156所示。

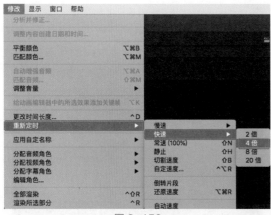

图 3-156

08 完成视频片段播放速度的慢速与快速设置后，在"磁性时间线"窗口的片段显示状态如图3-157所示。

图 3-157

3.12　本章小结

本章重点介绍了视频剪辑的各项基本操作，具体内容包括磁性时间线区域的操作、媒体片段的添加、试演片段的基本操作、复合片段的基本操作，以及多机位片段的添加与编辑、调整影片播放速度等。希望各位读者能熟练掌握本章重要知识点，以确保日后能高效地完成视频的各项剪辑操作。

为视频添加和制作特殊效果，不仅需要对视频片段进行剪辑，还需要为视频片段添加合适的滤镜及转场效果，才能实现画面视觉效果的最大化，为观众营造丰富的视听体验。本章介绍Final Cut Pro X软件中滤镜与转场的应用方法，帮助大家掌握滤镜及转场的各类使用技巧。

本章重点

- 添加与编辑视频滤镜
- 使用转场
- 为滤镜设置关键帧动画
- 转场的设置

本章效果欣赏

4.1　视频滤镜

通过为片段添加滤镜效果，不仅可以修改视频的色彩，还可以为视频实现遮罩、边框和灯光等效果。本节详细讲解Final Cut Pro X软件中视频滤镜的添加方法。

4.1.1 添加单一滤镜

Final Cut Pro X软件内置丰富的滤镜库,用户可以自行选择滤镜库中的滤镜,将其应用到视频项目中。

执行"窗口"|"在工作区中显示"|"效果"命令,或按快捷键Command+5,或单击"磁性时间线"窗口右上方的"显示或隐藏效果浏览器"按钮,即可显示"效果浏览器"窗口。在"效果浏览器"窗口中选择需要添加的滤镜效果,如图4-1所示,按住鼠标左键并进行拖曳,将效果放置到时间线的视频片段中。在添加效果的过程中,光标右下角会出现一个带"+"号的绿色圆形标志,此时选择的视频片段呈现高亮状态,如图4-2所示。

图4-1

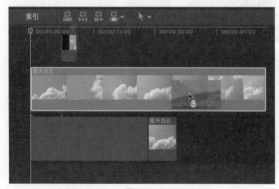

图4-2

释放鼠标左键,即可完成单一视频滤镜的添加。图4-3所示为视频片段添加"光晕"视频滤镜的前后对比效果图。

原图

效果图
图4-3

4.1.2 添加多层滤镜

在进行视频的编辑处理时,为了丰富视频片段的质感,并实现视觉效果的最大化,往往会为某一个片段添加多层滤镜效果。

在"效果浏览器"窗口中选择多个视频滤镜,按住鼠标左键并进行拖曳,将选中的多个视频滤镜添加到时间线的素材片段上即可。在添加了多层滤镜后,在"检查器"窗口的"效果"选项区中将显示添加的多个滤镜,如图4-4所示。

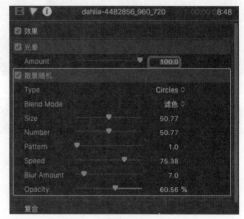

图4-4

4.1.3　删除与隐藏滤镜

在添加了视频滤镜后，如果对某些滤镜所产生的画面效果不满意，可以将该滤镜删除或隐藏。

如果要删除滤镜效果，可以在"检查器"窗口的"效果"选项区中，选择不要的视频滤镜，按快捷键Delete进行删除。如果要隐藏滤镜效果，则可以在"检查器"窗口的"效果"选项区中，取消勾选滤镜前的复选框，如图4-5所示。

图 4-5

4.1.4　为多个片段添加滤镜

在进行视频的编辑处理时，为了使画面效果（镜头组镜）统一，就需要为多段视频素材统一添加相同的滤镜效果。

为多个片段添加相同滤镜的操作方法很简单，在"磁性时间线"窗口中框选多个视频片段，然后在"效果浏览器"窗口中双击视频滤镜，即可为多个片段同时添加该滤镜效果。

4.1.5　复制与粘贴片段属性

在为视频片段添加相同的滤镜后，需要调整滤镜的有关参数，但如果逐个进行调整，势必需要花费更多的时间。针对这种情况，可以先调整其中一个片段的滤镜参数，再将调整完成后的滤镜复制到其他片段上，这样不仅能保证画面效果统一，还能节省大量的工作时间。

复制片段属性给其他片段的方法很简单，用户只需要在时间线中选择视频片段，按快捷键Command+C复制选中的片段，然后选中其他的片段，执行"编辑"|"粘贴属性"命令，如图4-6所示，打开"粘贴属性"对话框，在对话框中勾选"效果"复选框，单击"粘贴"按钮，如图4-7所示。

图 4-6　　　　　　图 4-7

在"粘贴属性"对话框中，各主要选项的含义如下。

- "视频属性"列表框：在该列表框中包含效果、变换、裁剪、变形等视频属性，勾选对应的复选框，即可应用对应的视频属性。
- "音频属性"列表框：该列表框中包含各种音频属性效果。
- "保持"单选按钮：点选该单选按钮，可以确保关键帧之间的时间长度不变。

● "拉伸以适合"单选按钮：点选该单选按钮，可以按时间调整关键帧以匹配目标片段的时间长度。

4.1.6 实战——快速制作试演特效片段

在制作好试演片段后，可以通过"效果浏览器"窗口选择滤镜效果进行添加。下面介绍制作试演特效片段的具体方法。

01 启动Final Cut Pro X软件，执行"文件"|"新建"|"资源库"命令，打开"存储"对话框，设置好新建资源库的存储位置，并设置新资源库名称为"第4章"，单击"存储"按钮，新建一个资源库。

02 在"事件资源库"窗口的空白处，单击鼠标右键，在弹出的快捷菜单中，选择"新建事件"命令，打开"新建事件"对话框，设置"事件名称"为"4.1.6"，单击"好"按钮，新建一个事件。

03 在"事件浏览器"窗口的空白处右击，在弹出的快捷菜单中，选择"导入媒体"命令，打开"媒体导入"对话框，在"名称"下拉列表框中，选择对应文件夹下的"水果1"和"水果2"视频素材，然后单击"导入所选项"按钮，将选择的视频素材导入"事件浏览器"窗口，如图4-8所示。

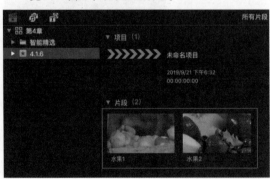

图 4-8

04 选择已添加的所有片段，右击，在弹出的快捷菜单中，选择"创建试演"命令，如图4-9所示。

05 上述操作完成后，即可创建试演片段，并在"事件浏览器"窗口中显示片段，如图4-10所示。

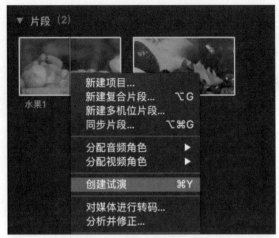

图 4-9

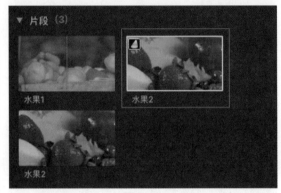

图 4-10

06 选择试演片段，将其添加至"磁性时间线"窗口的视频轨道上，如图4-11所示。

图 4-11

07 在"效果浏览器"窗口中的左侧列表框中，选择"风格化"选项，在右侧的列表框中，选择"照片回忆"滤镜效果，如 4-12 所示。

图 4-12

08 将选择的滤镜效果拖曳添加至视频片段上，即可为选择的视频片段添加滤镜效果，如图 4-13所示。

图 4-13

4.2　为滤镜设置关键帧动画

在视频片段中添加了视频滤镜后，可以为视频滤镜添加关键帧，来为片段增添更多变化。本节详细讲解如何为滤镜设置关键帧动画。

4.2.1　利用遮罩制作移轴镜头

Final Cut Pro X软件中内置了多种强大的遮罩工具，可用于在视频片段或静止图像中创建透明度区域。在"效果浏览器"窗口的"遮罩"列表框中包含多种遮罩滤镜，除了"绘制遮罩"滤镜之外，其他的遮罩效果都被视为"简单遮罩"，可进行相对直观的遮罩控制，如图4-14所示。

在制作移轴镜头效果时需要用到"渐变遮罩"滤镜效果，具体的操作方法是：在"磁性时间线"窗口中添加并复制多层视频片段，然后在多层视频片段中最上层的片段上添加"渐变遮罩"滤镜。此时，在"监视器"窗口中，会发现片段中出现一个渐变的黑色遮罩区域，同时出现两个白色的调节点，拖动调节点，即可调整遮罩的颜色区域，如图4-15所示。在"检查器"窗口中，可以设置视频滤镜的效果参数值，如图4-16所示。

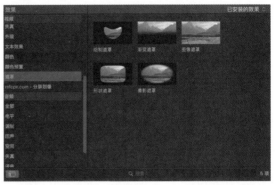

图 4-14

图 4-15

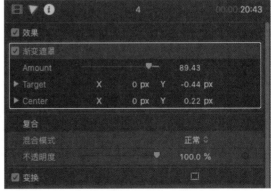

图 4-16

依次在其他层的视频片段上添加"渐变遮罩"滤镜，并调整遮罩区域，即可完成移轴镜头的制作，效果如图4-17所示。

图 4-17

在制作遮罩效果时，为了方便观察遮罩效果，可以框选其他没有添加遮罩滤镜的片段，然后按快捷键V，先将选择的片段进行暂时隐藏。再次按快捷键V可以显示隐藏的片段。

4.2.2 利用滤镜制作变焦镜头

"聚焦"滤镜可以为画面营造出镜头模糊的运动效果，在增加虚拟变焦的效果后，可以有效地提升画面的质感。

选择视频片段后，在"效果浏览器"窗口中选择"聚焦"滤镜效果，如图4-18所示，将其添加到视频片段上。再次选择该视频片段，移动时间线的位置，然后在"检查器"窗口的"效果"选项区中，调整参数值，并添加多组关键帧，如图4-19所示，完成变焦镜头的制作。

在制作变焦镜头效果后，如果发现画面的锐度不够，可以在"效果浏览器"窗口中选择"锐化"滤镜，添加到素材片段中，以得到更清晰的画面效果。

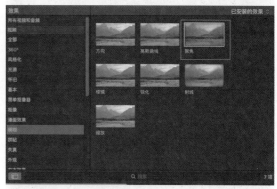

图 4-18

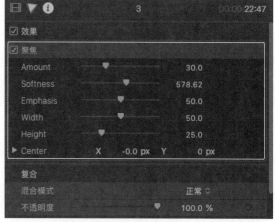

图 4-19

在应用了"聚焦"视频滤镜后，在"监视器"窗口中将出现一个白点，与此同时，围绕白点将产生虚拟聚焦效果，如图4-20所示。

图 4-20

4.2.3　实战——为视频添加特殊效果

使用"遮罩"滤镜可以为视频片段添加渐变遮罩和聚焦效果,再通过设置滤镜的关键帧,制作特殊的视频效果。下面讲解如何为视频添加特殊效果。

01 在"事件资源库"窗口的空白处右击,在弹出的快捷菜单中,选择"新建事件"命令,打开"新建事件"对话框,设置"事件名称"为"4.2.3",单击"好"按钮,新建一个事件。

02 在"事件浏览器"窗口的空白处右击,在弹出的快捷菜单中,选择"导入媒体"命令,打开"媒体导入"对话框,在"名称"下拉列表框中,选择对应文件夹下的"树枝摇动"视频素材,单击"导入所选项"按钮,将选择的视频片段添加至"事件浏览器"窗口中,如图4-21所示。

图 4-21

03 在"事件浏览器"窗口中,选择"树枝摇动"视频片段,将其添加至"磁性时间线"窗口的视频轨道上,如图4-22所示。

图 4-22

04 在"效果浏览器"窗口的左侧列表框中,选择"遮罩"选项,在右侧的列表框中,选择"渐变遮罩"滤镜效果,如图4-23所示。

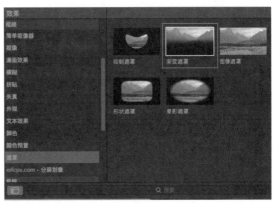

图 4-23

05 将选择的滤镜效果添加至视频片段上,在"监视器"窗口中将显示一个渐变的黑色遮罩区域和两个白色的调节点,如图4-24所示。

图 4-24

06 将时间线移至00:00:00:00的位置,在"监视器"窗口中移动白色调节点的位置,然后在"检查器"窗口的"渐变遮罩"选项区中,设置各参数值,添加一组关键帧,如图4-25所示。

图 4-25

07 将时间线移至00:00:05:29的位置，在"监视器"窗口中移动白色调节点的位置，然后在"检查器"窗口的"渐变遮罩"选项区中，设置各参数值，添加一组关键帧，如图4-26所示。

图 4-26

08 将时间线移至00:00:14:14的位置，在"监视器"窗口中移动白色调节点的位置，然后在"检查器"窗口的"渐变遮罩"选项区中，设置各参数值，添加一组关键帧，如图4-27所示。

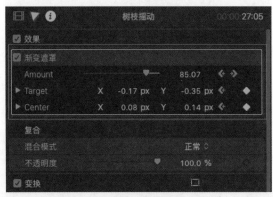

图 4-27

09 将时间线移至00:00:24:14的位置，在"监视器"窗口中移动白色调节点的位置，然后在"检查器"窗口的"渐变遮罩"选项区中，设置各参数值，添加一组关键帧，如图4-28所示。

10 在"效果浏览器"窗口的左侧列表框中，选择"模糊"选项，在右侧的列表框中，选择"聚焦"滤镜效果，如图4-29所示。

11 将选择的滤镜效果添加至视频片段上，然后在"检查器"窗口的"聚焦"选项区中，修改各参数值，如图4-30所示。

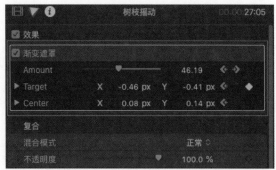

图 4-28

图 4-29

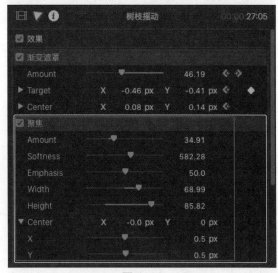

图 4-30

12 完成视频特殊效果的添加与编辑后，在"监视器"窗口中，单击"从播放头位置向前播放-空格键"按钮▶，预览最终动画效果，如图4-31所示。

图 4-31

4.3 使用转场

如果想让视频片段之间的过渡更加平滑，可以通过"转场"功能来实现这一目的。本节介绍Final Cut Pro X中转场的使用与添加方法，包括添加转场、修改转场时间等操作。

4.3.1 转场概述

转场是两个视频片段之间的一种特殊过渡效果，通过转场可以使视频片段之间的过渡更加平滑，同时还能起到强调片段的作用。转场通常可分为无技巧转场和技巧转场。

1. 无技巧转场

无技巧转场是用镜头自然过渡来连接上下两段内容的，主要适用于蒙太奇镜头段落之间的转换和镜头之间的转换。与情节段落转换时强调的心理隔断性不同，无技巧转换强调的是视觉的连续性。需要注意的是，并不是任何两个镜头之间都可以应用无技巧转场。

2. 技巧转场

技巧转场是通过电子特技切换台或后期软件中的特技技巧，对两个画面的剪辑进行特技处理，以完成场景转换的方法。技巧转场一般包括叠化、淡入淡出、翻页、定格、翻转画面和多画屏分切等效果。

4.3.2 常用转场介绍

Final Cut Pro X软件中包含了100多种转场效果，包括擦除、叠化、对象、复制器/克隆、光源、模糊和移动等转场类型，如图4-32所示。

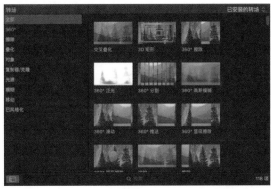

图 4-32

在Final Cut Pro X软件中常用的转场效果有交叉叠化、擦除、带状、卷页、翻转、棋盘格、开门、圆形、正方形和星形等。下面对常用的十种转场效果进行介绍。

1. 交叉叠化

"交叉叠化"转场可以使前一个镜头的画面与后一个镜头的画面相叠加，然后前一个镜头的画面会逐渐隐去，后一个镜头的画面将逐渐显现。图4-33所示为应用"交叉叠化"转场后的画面效果。

图 4-33

图4-33（续）

2. 擦除

"擦除"转场可以使前一个镜头的画面以线形滑行后，再在其下方显现后一个镜头的画面。图4-34所示为应用"擦除"转场后的画面效果。

图4-34

3. 带状

"带状"转场可以用几何形状在前一个镜头的画面中进行移动或缩放，然后逐渐显现出后一个镜头的画面。图4-35所示为应用"带状"转场后的画面效果。

4. 卷页

"卷页"转场可以使前一个镜头的画面以卷页的形式滑行，然后在其下方显现后一个镜头的画面。图4-36所示为应用"擦除"转场后的画面效果。

图4-35

图4-36

5. 翻转

"翻转"转场可以使画面以屏幕中线为轴进行运动，前一镜头逐渐翻转消失，下一个镜头转到正面开始播放。图4-37所示为应用"翻转"转场后的画面效果。

图 4-37

6. 棋盘格

"棋盘格"转场可以使前一个镜头的画面分割成多个大小相等的方格后，再逐渐显现出下一个镜头画面。图4-38所示为应用"棋盘格"转场后的画面效果。

图 4-38

7. 开门

"开门"转场可以使前一个镜头的画面以两扇门打开的形式消失，然后逐渐出现后一个镜头的画面。图4-39所示为应用"开门"转场后的画面效果。

图 4-39

8. 圆形

"圆形"转场可以使后一个镜头以圆形放大的形式出现，并逐渐使前一个镜头的画面消失。图4-40所示为应用"圆形"转场后的画面效果。

图 4-40

9. 正方形

"正方形"转场可以使前一个镜头的画面以多个小正方形逐渐放大，组合成一个整体正方形后消失，并逐渐显现出后一个镜头的画面。图4-41所示为应用"正方形"转场后的画面效果。

图 4-41

10. 星形

"星形"转场可以使后一个镜头以星形放大的形式出现，并逐渐使前一个镜头的画面消失。图4-42所示为应用"星形"转场后的画面效果。

图 4-42

> **技巧与提示**
>
> "圆形""正方形"和"星形"转场除了形状不同外，本质上没有什么区别。这些形状转场都是以圆形、星形等平面图形为蓝本，通过逐渐放大或缩小的运动方式来达到镜头切换的目的。

4.3.3 实战——利用修剪工具查看片段余量

修剪工具可以调整视频片段的开始点和结束点，得到剩余的视频片段持续时间。下面介绍利用修剪工具查看片段余量的具体方法。

01 在"事件资源库"窗口的空白处右击，在弹出的快捷菜单中，选择"新建事件"命令，打开"新建事件"对话框，设置"事件名称"为"4.3.3"，单击"好"按钮，新建一个事件。

02 在"事件浏览器"窗口的空白处右击，在弹出的快捷菜单中，选择"导入媒体"命令，打开"媒体导入"对话框，在"名称"下拉列表框中，选择对应文件夹下的"红枣"视频素材，单击"导入所选项"按钮，将选择的视频片段添加至"事件浏览器"窗口中，如图4-43所示。

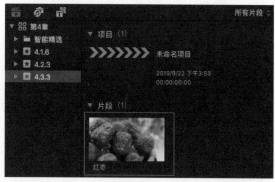

图 4-43

03 在"事件浏览器"窗口中选择视频片段，将其添加至"磁性时间线"窗口的视频轨道上，如图 4-44所示。

04 在工具栏中单击"选择"工具右侧的三角按钮，展开列表框，选择"修剪"工具，如图4-45所示。

图 4-44

选择	A
修剪	T
位置	P
范围选择	R
切割	B
缩放	Z
手	H

图 4-45

05 将光标移至视频片段的末尾处，当光标指针呈 ⬚ 形状时，按住鼠标左键并向右拖曳至合适的位置，即可修剪视频片段，得到最终的视频片段长度，如图4-46所示。

29:06 -04:01

图 4-46

4.3.4　查找特定转场

在进行剪辑工作时，为了节省时间，可以使用"转场浏览器"窗口中的搜索功能快速查找所需要的转场效果。查找特定转场的方法很简单，用户只需要在"转场浏览器"窗口中的左侧列表框中，选择"全部"选项，然后在下方的搜索栏中输入要查找的转场名称，即可搜索出特定的转场效果，如图4-47所示。

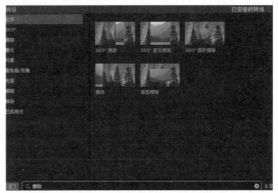

图 4-47

4.3.5　实战——添加转场

通过"转场"功能可以在两个视频片段之间，或视频片段的左右两端添加转场过渡效果。下面介绍添加转场的具体操作方法。

01 在"事件资源库"窗口的空白处右击，在弹出的快捷菜单中，选择"新建事件"命令，打开"新建事件"对话框，设置"事件名称"为"4.3.5"，单击"好"按钮，新建一个事件。

02 在"事件浏览器"窗口的空白处右击，在弹出的快捷菜单中，选择"导入媒体"命令，打开"媒体导入"对话框，在"名称"下拉列表框中，选择对应文件夹下的"荷花特写1"和"荷花特写2"视频素材，单击"导入所选项"按钮，将选择的视频片段添加至"事件浏览器"窗口中，如图4-48所示。

03 在"事件浏览器"窗口中选择所有的视频片段，将其添加至"磁性时间线"窗口的视频轨道上，如图 4-49所示。

图 4-48

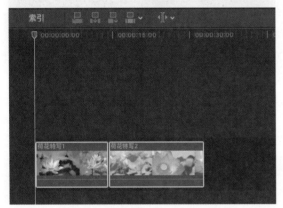

图 4-49

04 在"转场浏览器"窗口的左侧列表框中，选择"对象"选项，在右侧列表框中，选择"面纱"转场效果，如图4-50所示。

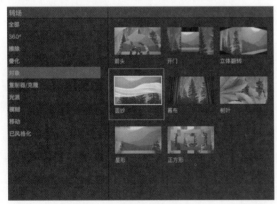

图4-50

05 将选择的转场效果添加至视频片段的中间位置，此时光标下方将显示一个绿色的圆形"+"标记，如图4-51所示。

06 释放鼠标左键，打开提示对话框，提示是否创建转场，单击"创建转场"按钮，如图4-52所示。

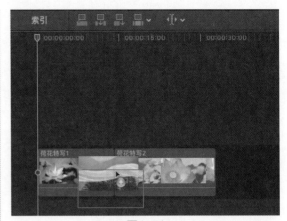

图4-51

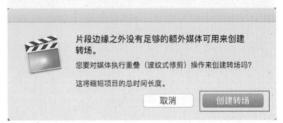

图4-52

07 完成上述操作后，即可在前后两个视频片段之间创建一个转场，"磁性时间线"窗口的效果如图4-53所示。

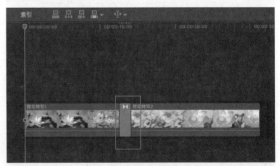

图4-53

08 在"监视器"窗口中，单击"从播放头位置向前播放-空格键"按钮▶，预览转场动画效果，如图4-54所示。

图4-54

图4-54（续）

4.3.6 实战——同一片段首尾转场的添加

在添加转场效果时，不仅可以将转场添加到所选片段的某个编辑点上，还可以直接将其添加到整个片段上。下面介绍如何在同一片段首尾添加转场效果。

01 在"事件资源库"窗口的空白处右击，在弹出的快捷菜单中，选择"新建事件"命令，打开"新建事件"对话框，设置"事件名称"为"4.3.6"，单击"好"按钮，新建一个事件。

02 在"事件浏览器"窗口的空白处右击，在弹出的快捷菜单中，选择"导入媒体"命令，打开"媒体导入"对话框，在"名称"下拉列表框中，选择对应文件夹下的"紫色花朵"视频素材，单击"导入所选项"按钮，将选择的视频片段添加至"事件浏览器"窗口中，如图4-55所示。

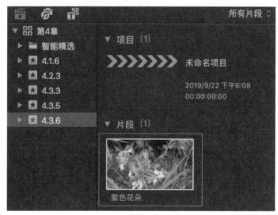

图4-55

03 在"事件浏览器"窗口中选择视频片段，将其添加至"磁性时间线"窗口的视频轨道上，如图4-56所示。

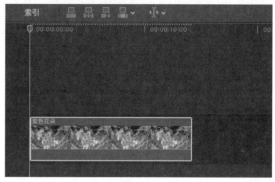

图4-56

04 在"转场浏览器"窗口的左侧列表框中，选择"叠化"选项，在右侧列表框中，选择"交叉叠化"转场效果，如图4-57所示。

图4-57

05 在选择的转场效果上双击，即可在视频片段的开头和结尾处添加转场效果，如图4-58所示。

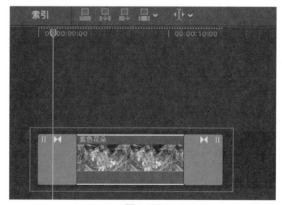

图4-58

06 在"监视器"窗口中，单击"从播放头位置向前播放-空格键"按钮▶，预览转场动画效果，如图4-59所示。

图4-59

 按快捷键Command+A，全选视频轨道上的片段，然后在选择的转场上双击，即可在全部的片段上添加该转场。如需进行多选，则可以在选择片段或编辑点的同时按住Command键。

4.3.7 实战——连接片段的转场添加

在Final Cut Pro X中，用户可以选择直接在连接片段上添加转场效果。下面介绍添加连接片段转场效果的具体方法。

01 在"事件资源库"窗口的空白处右击，在弹出的快捷菜单中，选择"新建事件"命令，打开"新建事件"对话框，设置"事件名称"为"4.3.7"，单击"好"按钮，新建一个事件。

02 在"事件浏览器"窗口的空白处右击，在弹出的快捷菜单中，选择"导入媒体"命令，打开"媒体导入"对话框，在"名称"下拉列表框中，选择对应文件夹下的"花朵"视频素材，单击"导入所选项"按钮，将选择的视频片段添加至"事件浏览器"窗口，如图4-60所示。

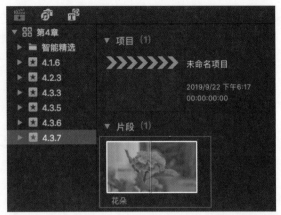

图4-60

03 在"事件浏览器"窗口中选择视频片段，单击3次"将所选片段连接到主要故事情节"按钮，添加多个连接片段，如图4-61所示。

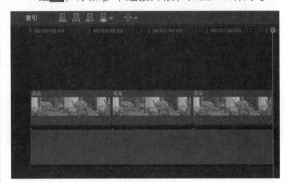

图4-61

04 在"转场浏览器"窗口的左侧列表框中，选择"对象"选项，在右侧列表框中，选择"星形"转场效果，如图4-62所示。

图4-62

05 将选择的转场效果拖曳至视频轨道的中间连接片段上，释放鼠标左键，打开提示对话框，单击"创建转场"按钮，则所选片段的两侧会同时与前后片段创建两个转场，如图4-63所示。

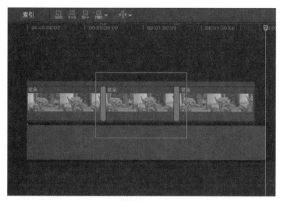

图4-63

06 在"监视器"窗口中,单击"从播放头位置向前播放-空格键"按钮▶,预览转场动画效果,如图4-64所示。

图4-64

4.3.8 查看转场的名称

默认情况下,添加的转场效果的转场名称并不会在"磁性时间线"窗口的视频轨道上显示,使得用户很难直观地知道所添加转场效果的名称。此时,可以通过"检查器"窗口和"时间线索引"窗口查看相关的转场名称和参数。

用户在视频轨道上选择转场效果后,在如图4-65所示的"检查器"窗口中,可以查看转场效果的名称、方向、锐化和边缘处理等参

数值。如果只查看转场效果的名称,则可以在"磁性时间线"窗口的左上角,单击"索引"按钮 索引,即可打开"时间线索引"窗口,并在打开的窗口中进行查看,如图4-66所示。

图4-65

图4-66

4.3.9 修改转场时间

在添加转场效果后,其默认时间长度为1s。如果需要查看转场效果的时间长度,可以在选择转场效果后,在"磁性时间线"窗口上方的项目名称位置或"检查器"窗口的右上角进行查看,如图4-67所示。

图4-67

83

在视频轨道中选择转场区域后右击，在弹出的快捷菜单中，选择"更改时间长度"命令，如图4-68所示，或按快捷键Control+D，则"监视器"窗口下方的时间码会被激活为蓝色，此时输入数值即可修改转场时间，如图4-69所示。

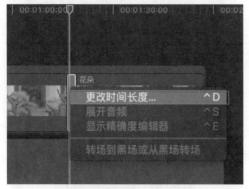

图4-68

图4-69

除此之外，用户还可以通过鼠标拖曳的方式修改转场的时间长度。选择转场效果，将光标悬停在转场区域的边缘，当光标变成修剪状态 ◈ 时，按住鼠标左键进行拖曳，即可调整时间长度，如图4-70所示。

图4-70

4.3.10 实战——修改转场默认时间

在修改转场时间时，可以通过"偏好设置"功能来设置默认的转场时间。下面为大家介绍修改转场默认时间的具体方法。

01 在"事件资源库"窗口的空白处右击，在弹出的快捷菜单中，选择"新建事件"命令，打开"新建事件"对话框，设置"事件名称"为"4.3.10"，单击"好"按钮，新建一个事件。

02 在"事件浏览器"窗口的空白处右击，在弹出的快捷菜单中，选择"导入媒体"命令，打开"媒体导入"对话框，在"名称"下拉列表框中，选择对应文件夹下的"玫瑰花"视频素材，单击"导入所选项"按钮，将选择的视频片段添加至"事件浏览器"窗口，如图4-71所示。

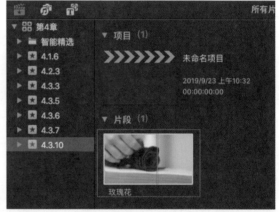

图4-71

03 在"事件浏览器"窗口中，选择视频片段，将其添加至"磁性时间线"窗口的视频轨道上，如图4-72所示。

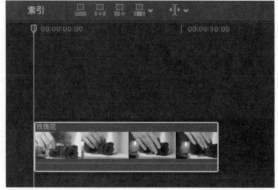

图4-72

04 执行"Final Cut Pro"|"偏好设置"命令，如图4-73所示。

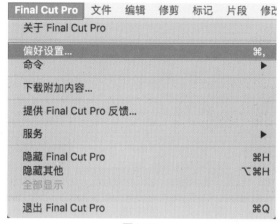

图4-73

05 打开"编辑"对话框，设置"转场时间长度"为6s，即可设置好默认的转场时间长度，如图4-74所示。

图4-74

06 在"转场浏览器"窗口中的左侧列表框中，选择"擦除"选项，在右侧列表框中，选择"对角线"转场效果，如图4-75所示。

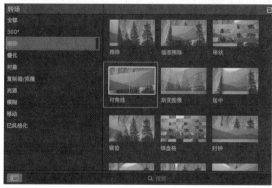

图4-75

07 将选择的转场效果添加至视频片段的右侧末尾处，添加后的转场效果默认的时间长度为6秒，如图4-76所示。

图4-76

4.4　转场的设置

在Final Cut Pro X中添加转场效果后，可以对转场效果进行添加、复制、移动与替换设置，得到全新的转场效果。本节介绍一些设置转场效果的方法，包括添加与修改默认转场，以及移动、复制与替换转场等操作。

4.4.1　添加与修改默认转场

在Final Cut Pro X软件中，可以将某个转场设置为默认转场。设置默认转场的具体方法是：在"转场浏览器"窗口中，右击需要的转场效果，在弹出的快捷菜单中，选择"设为默认"命令，如图4-77所示，即可完成默认转场的设置。

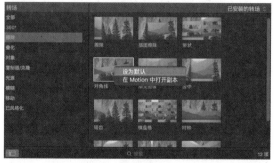

图4-77

当需要添加默认转场效果时，可以执行"编辑"命令，在展开的子菜单中选择相应的命令，如图4-78所示。

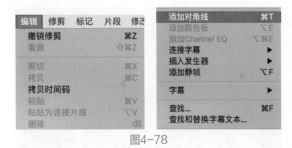

图4-78

4.4.2 实战——移动、复制与替换转场

当添加了转场效果后，如果想将转场快速应用到其他视频片段中，可以采用"移动""复制"和"替换"命令来实现这一操作。下面介绍如何移动、复制与替换转场。

01 在"事件资源库"窗口的空白处右击，在弹出的快捷菜单中，选择"新建事件"命令，打开"新建事件"对话框，设置"事件名称"为"4.4.2"，单击"好"按钮，新建一个事件。

02 在"事件浏览器"窗口的空白处右击，在弹出的快捷菜单中，选择"导入媒体"命令，打开"媒体导入"对话框，在"名称"下拉列表框中，选择对应文件夹下的"圆球转动"和"心形转动"视频素材，单击"导入所选项"按钮，将选择的视频片段添加至"事件浏览器"窗口，如图4-79所示。

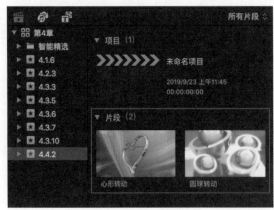

图4-79

03 在"事件浏览器"窗口中，选择所有视频片段，添加至"磁性时间线"窗口的视频轨道上，如图4-80所示。

图4-80

04 在"转场浏览器"窗口中的左侧列表框中，选择"擦除"选项，在右侧的列表框中，选择"带状"转场效果，如图4-81所示。

图4-81

05 将选择的转场效果添加至右侧视频片段的右编辑点上，如图4-82所示。

图4-82

06 选择新添加的转场效果，将其拖曳至"磁性时间线"窗口视频轨道上的两个视频片段的中间编辑点位置，如图4-83所示。

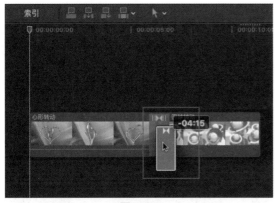

图4-83

07 释放鼠标左键，即可将选择的转场效果添加到两个视频片段之间，如图4-84所示。

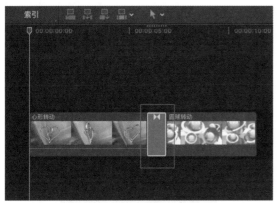

图4-84

08 按住Option键，将已经调整好的转场效果拖曳到右侧视频片段的左侧编辑点上，则可以在新的编辑点上复制该转场效果，如图4-85所示。

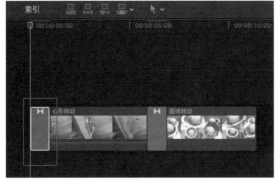

图4-85

09 在"转场浏览器"窗口中的左侧列表框中，选择"叠化"选项，在右侧的列表框中，选择"交叉叠化"转场效果，如图4-86所示。

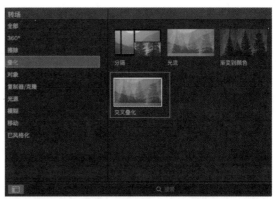

图4-86

10 将转场效果添加至"磁性时间线"窗口视频轨道左侧视频片段的转场效果上，如图4-87所示，释放鼠标左键，即可替换转场效果。

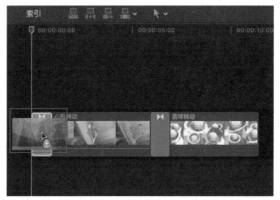

图4-87

4.4.3　实战——通过时间线索引快速删除同名称转场

如果要删除多余的转场效果，可以使用"删除"命令实现这一操作。下面介绍如何通过时间线索引快速删除同名称转场。

01 在"事件资源库"窗口的空白处右击，在弹出的快捷菜单中，选择"新建事件"命令，打开"新建事件"对话框，设置"事件名称"为"4.4.3"，单击"好"按钮，新建一个事件。

02 在"事件浏览器"窗口的空白处右击，在弹出的快捷菜单中，选择"导入媒体"命令，打开"媒体导入"对话框，在"名称"下拉列表框中，选择对应文件夹下的"鸡蛋糖果"视频素材，单击"导入所选项"按钮，将选择的视频片段添加至"事件浏览器"窗口，如图4-88所示。

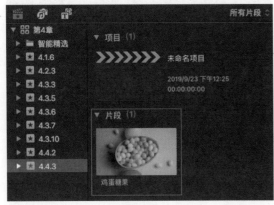

图4-88

03 在"事件浏览器"窗口中选择"鸡蛋糖果"视频片段，将其添加至"磁性时间线"窗口的视频轨道上，如图4-89所示。

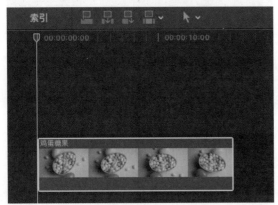

图4-89

04 在"转场浏览器"窗口中的左侧列表框中，选择"对象"选项，在右侧的列表框中，选择"幕布"转场效果，如图4-90所示。

图4-90

05 将选择的转场效果添加至视频片段的左右两侧编辑点上，如图4-91所示。

图4-91

06 在"磁性时间线"窗口的左上角，单击"索引"按钮 索引，打开"时间线索引"窗口，在搜索栏中输入转场名称，将搜索到相同名称的转场效果，选择相同名称的转场效果，如图4-92所示，按Delete键即可删除同名称的转场效果。

图4-92

4.5 精度编辑器

精度编辑器可以对转场效果的时间长度进行精确调整。本节介绍如何在Final Cut Pro X中采用精度编辑器编辑转场效果。

4.5.1 显示精度编辑器

在修改转场效果时，如果需要对转场效果进行精确调整，可以显示精度编辑器，然后通过精度编辑器进行调整。显示精度编辑器的方法有以下几种。

● 双击已经添加的转场效果。

● 在时间线上选择转场效果，右击，在弹出的快捷菜单中，选择"显示精确度编辑器"命令，如图4-93所示。

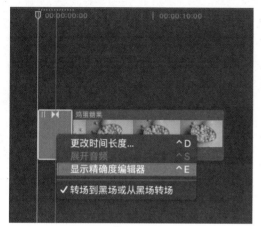

图4-93

● 选择转场效果，执行"显示"|"显示精确度编辑器"命令，如图4-94所示。

● 按快捷键Control+E。

图4-94

执行以上任意一种方法，均可打开精确度编辑器。在打开的精确度编辑器中，转场前后的两个片段被拆分，上下两部分分别表示在时间线上相邻的两个片段。将光标悬停在转场的中间，当光标变成卷动 ☷ 编辑状态后，按住鼠标左键进行左右拖曳，可以改变转场在两个片段之间的位置，如图4-95所示。如果要改变转场的时间长度，则可以将光标悬停在灰色矩形滑块的边缘进行拖曳调整，如图4-96所示。

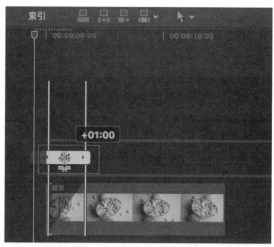

图4-95

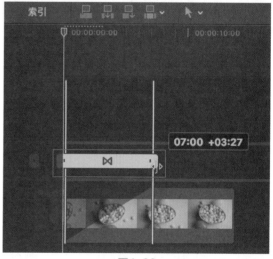

图4-96

4.5.2 实战——利用精度编辑器调整转场

在显示了精度编辑器后，可以通过精度编辑器调整转场的位置和时长。下面介绍如何利用精度编辑器调整转场。

01 在"事件资源库"窗口的空白处右击，在弹出的快捷菜单中，选择"新建事件"命令，打开"新建事件"对话框，设置"事件名称"为"4.5.2"，单击"好"按钮，新建一个事件。

02 在"事件浏览器"窗口的空白处右击，在弹出的快捷菜单中，选择"导入媒体"命令，打开"媒体导入"对话框，在"名称"下拉列表框中，选择对应文件夹下的"花"视频素材，然后单击"导入所选项"按钮，即可将选择的所有视频片段添加至"事件浏览器"窗口中，如图4-97所示。

图4-97

03 在"事件浏览器"窗口中选择视频片段，将其添加至"磁性时间线"窗口的视频轨道上，如图4-98所示。

图4-98

04 在"转场浏览器"窗口中的左侧列表框中，选择"对象"选项，在右侧的列表框中，选择"开门"转场效果，如图4-99所示。

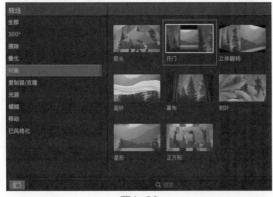

图4-99

05 将选择的视频转场添加至视频片段的左侧编辑点上，然后在新添加的转场上右击，在弹出的快捷菜单中，选择"显示精确度编辑器"命令，如图4-100所示。

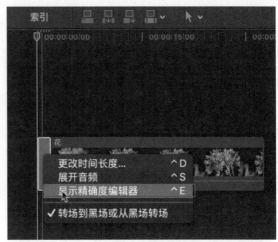

图4-100

06 打开精确度编辑器，当光标变成卷动 ✛ 编辑状态后，按住鼠标左键进行左右拖曳，可以改变转场在两个片段之间的位置，如图4-101所示。

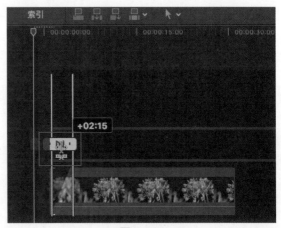

图4-101

07 将光标悬停在灰色矩形滑块的边缘，当光标变成 ✛ 编辑状态后，按住鼠标左键并向右进行拖曳调整，即可改变转场效果的时间长度，如图4-102所示。

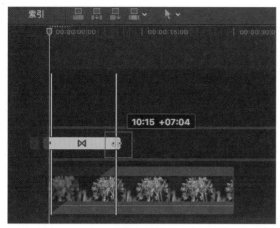

图4-102

4.6 综合实战——为"美味食物"视频添加滤镜与转场

本节结合实例练习滤镜与转场效果的添加，并对添加后的滤镜与转场进行相关的编辑操作。

01 执行"文件"|"新建"|"事件"命令，打开"新建事件"对话框，设置"事件名称"为"4.6"，单击"好"按钮，新建一个事件。

02 在"事件浏览器"窗口的空白处右击，在弹出的快捷菜单中，选择"导入媒体"命令，打开"媒体导入"对话框，在"名称"下拉列表框中，选择对应文件夹下的"美味食物"视频素材，然后单击"导入所选项"按钮，将选择的视频素材导入添加至"事件浏览器"窗口中，如图4-103所示。

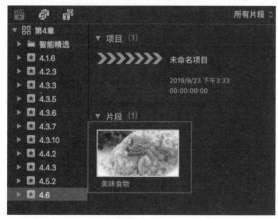

图4-103

03 在"事件浏览器"窗口中选择新添加的视频片段，将其添加至"磁性时间线"窗口的视频轨道上，如图4-104所示。

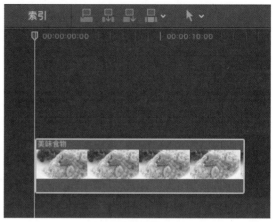

图4-104

04 在"效果浏览器"窗口的左侧列表框中，选择"光源"选项，在右侧列表框中，选择"高亮"滤镜效果，如图4-105所示。

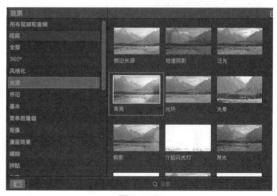

图4-105

05 将选择的滤镜添加至视频片段上，然后在"检查器"窗口的"高亮"选项区中，修改各参数值，如图4-106所示。

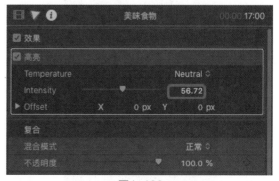

图4-106

06 在"效果浏览器"窗口中，选择"聚光"滤镜效果，将其添加至视频片段上，然后在"检查器"窗口的"聚光"选项区中，修改各参数值，如图4-107所示。

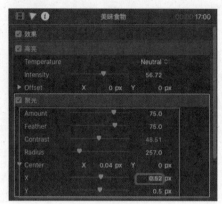

图4-107

07 完成"聚光"滤镜效果的添加与修改后，得到的对应视频效果如图4-108所示。

图4-108

08 在"效果浏览器"窗口中，选择"色相/饱和度曲线"滤镜效果，将选择的滤镜添加至视频片段上，然后在"颜色检查器"窗口的"色相/饱和度曲线1"选项区中，修改各参数值，如图4-109所示。

图4-109

09 完成"色相/饱和度曲线1"滤镜效果的添加与修改，其视频效果如图4-110所示。

图4-110

10 在"转场浏览器"窗口中，选择"交叉叠化"转场效果，如图4-111所示。

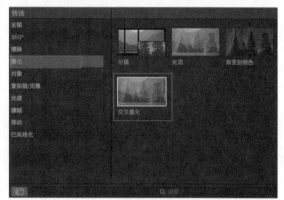

图4-111

11 将选择的转场效果添加至视频片段的左侧编辑点上，如图4-112所示。

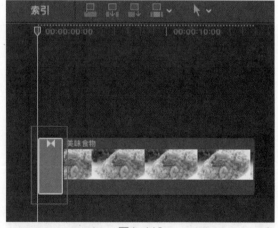

图4-112

12 在"监视器"窗口中，单击"从播放头位置向前播放-空格键"按钮 ▶，预览最终的视频效果，如图4-113所示。

图4-113

4.7　本章小结

在学习了视频和音频滤镜、转场效果的添加与编辑后，可以让视频片段的画面更加精美，也能让视频和音频片段之间的过渡更加流畅。本章重点学习了Final Cut Pro X软件中各种滤镜与转场的添加方法，只有熟练掌握了这部分的知识点，才能在日后的视频编辑工作中，达到优化剪辑的目的。

在制作视频效果时，仅依靠添加转场与滤镜效果，是无法实现视频画面效果最大化的。此时，可以通过为视频效果添加关键帧，来为视频画面增添缩放、旋转和移动等动画效果，从而让视频画面更加丰富，让画面效果更加生动。本章详细讲解动画与合成的应用方法。

本章重点

- 关键帧控制运动参数
- 视频的合成
- 抠像技术的应用

本章效果欣赏

5.1 利用关键帧控制运动参数

在Final Cut Pro X软件中，每个片段都拥有内置的运动属性。因此，在编辑视频的过程中，可以通过调节片段的运动参数，来控制视频画面的位置、角度和大小。本节详细讲解运用关键帧控制运动参数的操作方法。

5.1.1　在检查器中制作关键帧动画

在"检查器"窗口中可以通过拖曳参数滑块，或是输入精确的数字来制作关键帧动画。按快捷键Command+4，打开"检查器"窗口，将其切换至"视频检查器"窗口，在该窗口中依次设置好"复合"和"变换"选项区中的关键帧参数，可以得到不同的视频动画效果，如图5-1所示。

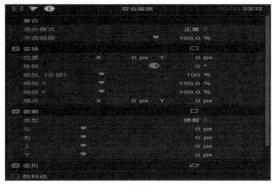

图5-1

1. 透明度关键帧动画

通过设置透明度关键帧，可以制作出淡入淡出的特殊效果。设置透明度关键帧的具体方法是：在选择视频片段后，移动播放指示器的位置，然后在"视频检查器"窗口中，设置"不透明度"参数，并通过单击该属性右侧的"添加关键帧"按钮◆，添加关键帧。在添加多个透明度关键帧后，在"监视器"窗口中，单击"从播放头位置向前播放-空格键"按钮▶，可以预览制作好的淡入淡出动画效果，如图5-2所示。

图5-2

2. 缩放关键帧动画

通过设置"缩放"关键帧，可以有效地调整视频画面的显示大小。设置缩放关键帧的具体方法是：在选择视频片段后，移动播放指示器的位置，然后在"视频检查器"窗口中，设置"缩放"参数，并通过单击该属性右侧的"添加关键帧"按钮◆，添加关键帧。在添加了多个缩放关键帧后，在"监视器"窗口中，单击"从播放头位置向前播放-空格键"按钮▶，可以预览制作好的缩放动画效果，如图5-3所示。

图5-3

> **技巧与提示**　在进行缩放设置时，可以选择等比例缩放视频，也可以选择不等比例缩放视频。在"视频检查器"窗口的"变换"选项区中，单独修改"缩放X"和"缩放Y"参数值，可以单独进行X轴和Y轴方向的缩放操作。

3. 旋转关键帧动画

通过设置"旋转"关键帧，可以有效地调整视频画面的角度。设置旋转关键帧的具体方法是：在选择视频片段后，移动播放指示器的位置，然后在"视频检查器"窗口中，设置"旋转"参数，并通过单击该属性右侧的"添加关键帧"按钮◆，添加关键帧。在添加了多个旋转关键帧后，在"监视器"窗口中，单击"从播放头位置向前播放-空格键"按钮▶，可以预览制作好的旋转动画效果，如图5-4所示。

图5-4

4. 位置关键帧动画

通过设置"位置"关键帧，可以有效地调整视频画面的显示位置。设置位置关键帧的具体方法是：在选择视频片段后，移动播放指示器的位置，然后在"视频检查器"窗口中，设置"位置"参数，并通过单击该属性右侧的"添加关键帧"按钮◈，添加关键帧。在添加了多个位置关键帧后，在"监视器"窗口中，单击"从播放头位置向前播放-空格键"按钮▶，可以预览制作好的位置移动动画效果，如图5-5所示。

图5-5

5.1.2 在监视器中制作关键帧动画

除了在"视频检查器"窗口中为片段制作关键帧动画外，也可以用更为直观的方式在"监视器"窗口中为片段的画面制作关键帧动画。

在"监视器"窗口中制作关键帧动画的方法很简单，选择视频片段，在"监视器"窗口的左下角，单击"变换"选项三角按钮，或者在"监视器"窗口中右击，在弹出的快捷菜单中，选择"变换"命令，将激活"监视器"窗口中画面的8个控制点，如图5-6所示。

图5-6

在"监视器"窗口中，选择其中一个控制点，按住鼠标左键并进行拖曳，即可调整视频素材的大小，如图5-7所示；如果需要变换视频素材的角度，可以单击视频素材中间的控制点，并进行拖曳，即可调整视频的角度，如图5-8所示。

图5-7

图5-8

如果需要变换视频素材的位置，可以在"监视器"窗口的视频素材上，按住鼠标左键进行拖曳，即可移动素材的位置；如果要添加关键帧动画，可在该窗口中单击"在播放头位置添加新关键帧"按钮 ◀ ◆ ▶，首先指定时间线的位置，然后在"监视器"窗口的视频素材的控制点上，按住鼠标左键进行拖曳，可以调整视频的大小、位置和角度，添加关键帧动画。

5.1.3　实战——制作旋转缩放关键帧动画

在"视频检查器"窗口中，设置"缩放"和"旋转"关键帧，即可制作出旋转缩放动画效果。下面介绍制作旋转缩放关键帧动画的具体方法。

01 新建一个名称为"第5章"的资源库。然后在"事件资源库"窗口的空白处右击，在弹出的快捷菜单中，选择"新建事件"命令，打开"新建事件"对话框，设置"事件名称"为"5.1.3"，单击"好"按钮，新建一个事件。

02 在"事件浏览器"窗口的空白处右击，在弹出的快捷菜单中，选择"导入媒体"命令，打开"媒体导入"对话框，在"名称"下拉列表框中，选择对应文件夹下的"背景"和"热气球"图像素材，然后单击"导入所选项"按钮，将选择的图像素材导入"事件浏览器"窗口，如图5-9所示。

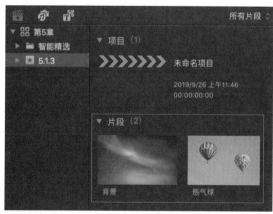

图5-9

03 选择"背景"图像片段，将其添加至"磁性时间线"窗口的视频轨道上，然后选择"热气球"图像片段，将其添加至"背景"图像片段的上方，如图5-10所示。

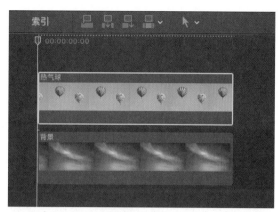

图5-10

04 在"效果浏览器"窗口的左侧列表框中，选择"风格化"选项，在右侧的列表框中，选择"简单边框"滤镜效果，如图5-11所示。

图5-11

05 将选择的滤镜效果添加至"热气球"图像片段上，然后在"视频检查器"窗口的"简单边框"选项区中，设置边框的颜色为"白色"，设置Width（宽度）参数为10.0，如图5-12所示，完成边框的添加与修改。

图5-12

06 选择"热气球"图像片段，然后将时间线移至00:00:00:00的位置，在"视频检查器"窗口的"变换"选项区中，设置"旋转"参数为18.0°，设置"缩放（全部）"参数为70%，然后单击"添加关键帧"按钮 ◈，添加一组关键帧，如图5-13所示。

07 将时间线移至00:00:01:03的位置，在"视频检查器"窗口的"变换"选项区中，设置"旋转"参数为-41.0°，设置"缩放（全部）"参数为60%，然后单击"添加关键帧"按钮 ◈，添加一组关键帧，如图5-14所示。

图5-13

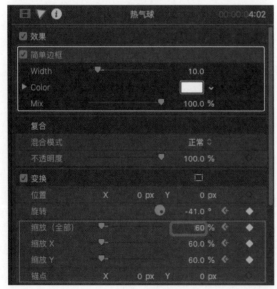

图5-14

08 将时间线移至00:00:02:10的位置，在"视频检查器"窗口的"变换"选项区中，设置

"旋转"参数为-165.0°，设置"缩放（全部）"参数为55%，然后单击"添加关键帧"按钮 ◈，添加一组关键帧，如图5-15所示。

09 将时间线移至00:00:03:15的位置，在"视频检查器"窗口的"变换"选项区中，设置"旋转"参数为-333.2°，设置"缩放（全部）"参数为50.0%，然后单击"添加关键帧"按钮 ◈，添加一组关键帧，如图5-16所示。

图5-15

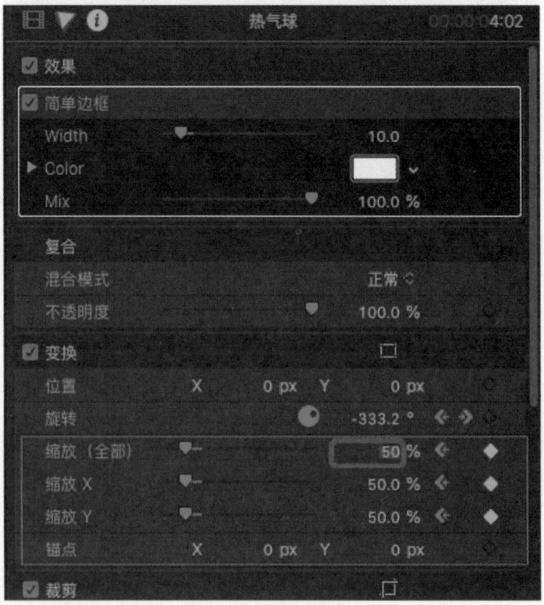

图5-16

10 完成旋转和缩放关键帧动画的制作，然后在"监视器"窗口中，单击"从播放头位置向前播放-空格键"按钮 ▶，播放预览动画效果，如图5-17所示。

图5-17

5.1.4 在时间线中制作关键帧动画

在设置关键帧动画时，除了可以通过"检查器"和"监视器"窗口进行设置以外，还可以在"磁性时间线"窗口中通过"显示视频动画"命令显示视频动画，并打开"视频动画"对话框。"视频动画"对话框中的选项与"检查器"窗口中的选项完全相同，同样包括"变换""修剪""变形"及"复合：不透明度"4个选项，如图5-18所示。

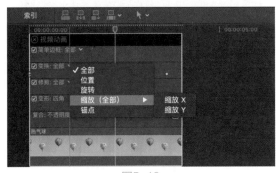

图5-18

如果要用"磁性时间线"窗口控制透明度动画，则单击"复合：不透明度"选项最右侧的 ▣ 图标，或者在该区域双击，即可展开"复合：不透明度"面板。在该区域中有一条白色的调整线贯穿整个片段，将鼠标指针悬停在调整线上，鼠标指针将变成上下双箭头形状，向上或向下拖曳调整，可以调整片段的不透明度。默认情况下，不透明度为100%，越往下则透明度越高，在调整透明度的过程中有百分比数字进行提示，如图5-19所示。

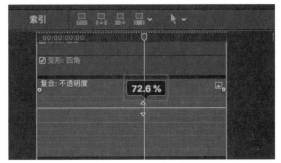

图5-19

如果要用"磁性时间线"窗口控制变换动画效果，可以在"视频动画"对话框中，单击"变换：全部"右侧的三角按钮，展开列表框，如图5-20所示，通过列表框中的命令，可以调整视频片段的位置、旋转、缩放和锚点。

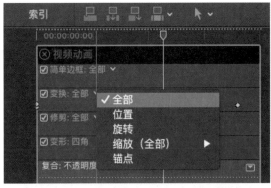

图5-20

如果要用"磁性时间线"窗口控制修剪动画效果，可以在"视频动画"对话框中，单击"修剪：全部"右侧的三角按钮，展开列表框，如图5-21所示，选择不同的命令，可以从不同的位置修剪视频。

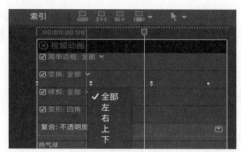

图5-21

显示视频动画的方法有多种，可以执行"片段"|"显示视频动画"命令，或者在"磁性时间线"窗口的视频片段上右击，在弹出的快捷菜单中选择"显示视频动画"命令。

5.1.5 实战——制作透明度关键帧动画

通过设置"不透明度"参数值与"添加关键帧"功能，可以制作透明度关键帧动画效果。下面介绍制作透明度关键帧动画的具体方法。

01 新建一个"事件名称"为"5.1.5"的事件，在"事件浏览器"窗口的空白处右击，在弹出的快捷菜单中，选择"导入媒体"命令，打开"媒体导入"对话框，在"名称"下拉列表框中，选择对应文件夹下的"采花蜜"视频素材，然后单击"导入所选项"按钮，将选择的视频素材导入添加至"事件浏览器"窗口，如图5-22所示。

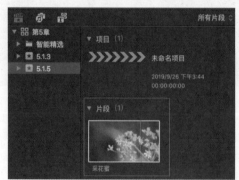

图5-22

02 选择视频片段，将其添加至"磁性时间线"窗口的视频轨道上，如图5-23所示。

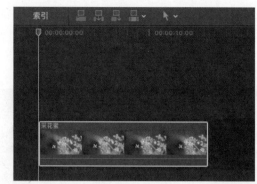

图5-23

03 将时间线移至00:00:00:00的位置，在"视频检查器"窗口的"复合"选项区中，设置"不透明度"参数为85%，然后单击"添加关键帧"按钮，添加一组关键帧，如图5-24所示。

图5-24

04 将时间线移至00:00:03:05的位置，在"视频检查器"窗口的"复合"选项区中，设置"不透明度"参数为45.0%，然后单击"添加关键帧"按钮，添加一组关键帧，如图5-25所示。

图5-25

05 将时间线移至00:00:08:12的位置，在"视频检查器"窗口的"复合"选项区中，设置"不透明度"参数为35%，然后单击"添加关键帧"按钮，添加一组关键帧，如图5-26所示。

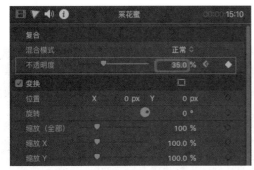

图5-26

06 将时间线移至00:00:14:05的位置，在"视频检查器"窗口的"复合"选项区中，设置"不透明度"参数为100%，然后单击"添加关键帧"按钮⬧，添加一组关键帧，如图5-27所示。

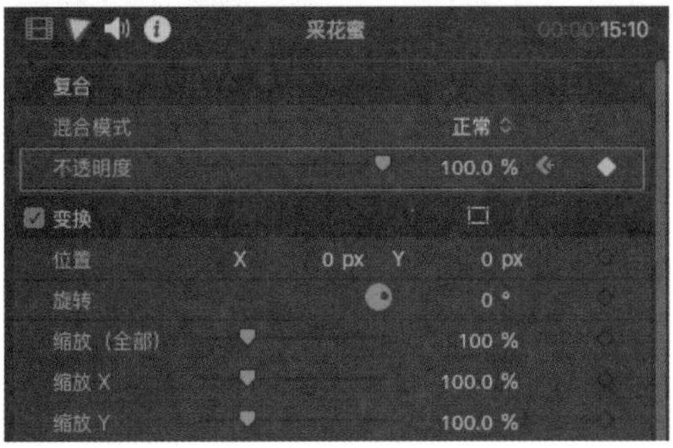

图5-27

07 完成透明度关键帧动画的制作，在"监视器"窗口中，单击"从播放头位置向前播放-空格键"按钮▶，播放预览淡入淡出动画效果，如图5-28所示。

图5-28

5.1.6 实战——添加与删除关键帧

在显示视频动画后，可以通过添加与删除关键帧，制作符合心意的动画效果。下面介绍添加与删除关键帧的具体方法。

01 新建一个"事件名称"为"5.1.6"的事件，在"事件浏览器"窗口的空白处右击，在弹出的快捷菜单中，选择"导入媒体"命令，打开"媒体导入"对话框，在"名称"下拉列表框中，选择对应文件夹下的"海底世界"视频素材，然后单击"导入所选项"按钮，将选择的视频素材导入"事件浏览器"窗口，如图5-29所示。

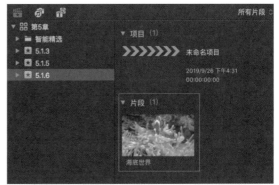

图5-29

02 选择视频片段，将其添加至"磁性时间线"窗口的视频轨道上，如图5-30所示。

图5-30

03 选择添加的视频片段，在"视频检查器"窗口的"变换"选项区中，设置"缩放"参数为100%、120%和150%，每输入一次单击一次"添加关键帧"按钮⬧，添加3个关键帧，如图5-31所示。

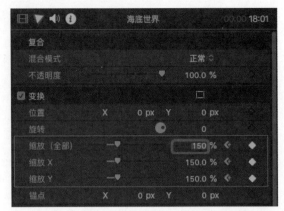

图5-31

04 在新添加的视频片段上右击，弹出快捷菜单，选择"显示视频动画"命令，如图5-32所示。

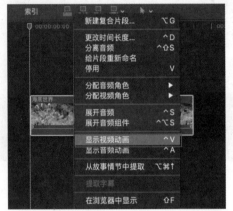

图5-32

05 显示视频动画，并显示出视频片段中已经添加的关键帧，然后右击中间的关键帧，打开快捷菜单，选择"删除关键帧"命令，如图5-33所示。

图5-33

06 上述操作完成后，即可删除多余的关键帧，如图5-34所示。

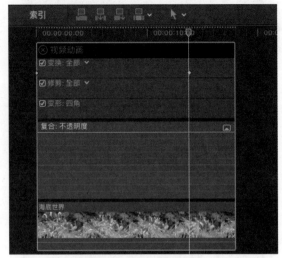

图5-34

5.2 抠像技术

通过使用"抠像"功能，可以将视频画面的背景进行抠除。本节详细讲解如何抠除视频和图像的相关技巧。

5.2.1 色彩抠像

通过色彩抠像，可以将画面中具有相同色彩的区域抠除。色彩抠像的具体方法是：首先在"磁性时间线"窗口中，将前景片段（包含要移除的颜色的色度抠像片段）添加到视频轨道中，然后拖曳背景片段（包含色彩抠像片段叠加在其上的片段），以便将其连接在视频轨道中前景片段的下方，然后在"效果浏览器"窗口的左侧列表框中，选择"抠像"选项，在右侧的列表框中，选择"抠像器"滤镜效果，如图5-35所示，将其添加至前景片段上，即可完成色彩抠像的应用，色彩抠像后的效果如图5-36所示。

图5-35

图5-36

在"磁性时间线"窗口中选择含"抠像器"滤镜效果的前景片段，然后在"检查器"窗口中，单击"显示视频检查器"按钮，打开"视频检查器"窗口，如图5-37所示，在该窗口中有各种用于修改和改善"抠像器"效果的控制选项。

图5-37

在"抠像器"效果下，各主要选项的含义如下。

- "精炼抠像"选项区：在该选项区中，单击"样本颜色"缩略图图像，可以在"监视器"窗口中需要移除色度抠像颜色的区域上绘制矩形；单击"边缘"缩略图图像，可以跨"监视器"窗口中的困难区域绘制线条（一端位于要保留的区域中，另一端位于要移除的区域中），然后移动线条控制柄以调整边缘柔和度。

- "强度"滑块：用于调整"抠像器"效果的自动采样的容差（核心透明度），默认值是100%。当减少"强度"值时，会缩小采样颜色的范围，从而导致抠像图像的透明度降低；当增加"强度"值时，会扩展采样颜色的范围，从而导致抠像图像的透明度增加。该参数可用于取回半透明细节区域，如头发、烟雾和反光。

- "显示"选项区：用于微调抠像，包含"原始状态""复合"和"遮罩"3个选项。单击"原始状态"按钮，可以显示未抠像的原始前景图像；单击"遮罩"按钮，可以显示抠像操作生成的灰度遮罩或Alpha通道。其中，白色区域为实色（前景视频不透明）、黑色区域透明（前景完全看不见）、而灰色阴影表示不同的透明度级别（可以发现背景视频与前景视频混合）；单击"复合"按钮，可以显示最终复合图像，其中抠像前景素材位于背景片段上。

- "填充孔"滑块：用于调整将实色添加到抠像内边缘透明度的区域。

- "边缘距离"滑块：用于调整遮罩的填充区域边缘。减少此参数值将牺牲边缘的半透明度，可以让遮罩的填充区域更接近素材的边缘；增加此参数值会将遮罩的填充区域推离边缘。

- "溢出量"滑块：用于抑制前景图像上出现（溢出）的任何背景颜色。

- "反转"复选框：勾选该复选框，可以反转抠像操作，从而保留背景颜色和移除前景图像。

- "混合"滑块：用于将抠像效果与未抠像效果进行混合。
- "图形"选项区：该选项区提供了两个用于设定如何将"色度"和"亮度"控制中的可调整图形用于微调抠像的选项。单击"搓擦方框"按钮，可将"色度"和"亮度"控制调整为要创建的遮罩中的柔和度（边缘透明度）；单击"手动"按钮，可将"色度"和"亮度"控制调整为要创建的遮罩中的柔和度（边缘透明度）和容差（核心透明度）。
- "色度"选项区：在该选项区中移动颜色轮中的两个图形，以调整有助于定义抠像遮罩的色相和饱和度的分离范围。
- "亮度"选项区：在该选项区中调整控制柄，可以修改亮度通道的分离范围。
- "色度滚降"滑块：用于调整色度滚降斜线（显示在"色度"控制左侧的小图形中）的线性。色度滚降将修改最受"色度"控制影响的区域边缘周围的遮罩柔和度。减少此参数值，会使图形斜线更具线性，从而柔化遮罩边缘。增加此参数值，会使图形斜线较陡峭，从而锐化遮罩边缘。
- "亮度滚降"滑块：用于调整亮度滚降斜线（显示在"亮度"控制中的贝尔形状亮度曲线的两端）的线性。亮度滚降将修改最受"亮度"控制影响的区域边缘周围的遮罩柔和度。减小此值，会使"亮度"控制中的顶部和底部控制柄之间的斜线更具线性，从而增加遮罩的边缘柔和度。增大此值，会使斜线较陡峭，从而锐化遮罩边缘并使其更突出。
- "修正视频"复选框：勾选该复选框，可将子像素平滑应用于图像的色度分量，从而减少使用4:2:0、4:1:1或4:2:2色度二次采样对压缩媒体进行抠像时导致的锯齿边缘。尽管默认情况下处于选择状态，但如果子像素平滑，将降低抠像的质量，此时可取消勾选该复选框。
- "色阶"选项区：该选项区使用灰度渐变可修改抠像遮罩的对比度，其方法是拖曳黑点、白点和偏移（灰色值在黑点和白点之间的分布）的3个控制柄。调整遮罩对比度有助于处理抠像的半透明区域，使其更具实色（通过减少白点）或更具半透明性（通过增加黑点）。向右拖移"偏差"控制柄将侵蚀抠像的半透明区域，而向左拖移"偏差"控制柄将使抠像的半透明区域更具实色。
- "收缩/展开"滑块：用于处理遮罩的对比度，以同时影响遮罩半透明度和遮罩大小。向左拖移滑块可使半透明区域更具半透明性，同时收缩遮罩。向右拖移滑块，可使半透明区域更具实色，同时扩展遮罩。
- "柔化"滑块：用于模糊抠像遮罩，从而按统一量羽化边缘。
- "侵蚀"滑块：用于使抠像实色部分边缘向内逐渐增加透明度。
- "溢出对比度"选项区：通过"黑点"和"白点"控制柄，调整要抑制的颜色的对比度。修改溢出对比度可减少前景素材周围的灰色镶边。其中，"黑点"控制柄（位于渐变控制左侧）将使太暗的边缘镶边变亮；"白点"控制柄（位于渐变控制右侧）将使太亮的边缘镶边变暗。根据"溢出量"滑块所抵消的溢出量，这些控制可能会对主体造成较大或较小的影响。
- "色调"滑块：可恢复抠像前景素材的自然颜色。
- "饱和度"滑块：用于修改"色调"滑块引入的色相范围。
- "数量"滑块：用于控制总体光融合效果，从而设定光融合延伸到前景的距离。
- "强度"滑块：用于调整灰度系数大小，以使融合边缘值与抠像前景素材的交互变亮或变暗。
- "不透明度"滑块：用于使光融合效果淡入或淡出。
- "模式"列表框：在该列表框中，可以选取将采样背景值与抠像素材边缘混合的复合方式。选择"正常"模式，可以将背景层中的亮值和暗值域抠像前景层边缘混合；选择"增量"模式，可以比较前景层和背景层中的重叠像素，然后保留两者中的较亮者，一般适用于创建选择性光融合效果；选择"屏幕"模式，可以将背景层中较亮部分叠加在抠像前景层的融合区域，一般适用于创建主动式光融合效果；选择"叠层"模式，可以将背景层与抠像前景层的融合区域组合，以便使重叠暗部变暗，亮部变亮，且颜色将增强；选择"强光"模式，该模式类似于叠层复合模式，只是颜色更柔和。

 技巧与提示　在应用"抠像器"视频滤镜后，该效果将分析视频，检测绿色或蓝色主色，然后移除该颜色。如果对生成的抠像效果不满意，或需要改进抠像效果，则可以在"视频检查器"窗口中调整色度抠像效果。

5.2.2 亮度抠像

使用"亮度抠像"滤镜效果，可以根据视频中的亮度在背景片段上复合前景片段。应用亮度抠像的方法与色彩抠像的方法相似，唯一的区别在于参数调整的区别。在时间线中添加前景片段和背景片段后，在"效果浏览器"窗口中选择"亮度抠像器"视频滤镜，将其添加至前景片段上，然后调整"亮度抠像器"的参数值，将完成亮度抠像操作。在"磁性时间线"窗口中选择含"亮度抠像器"滤镜效果的前景片段，然后打开"视频检查器"窗口，如图5-38所示，在该窗口中，显示了用于改善"亮度抠像器"效果的控制选项。

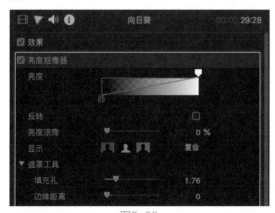

图5-38

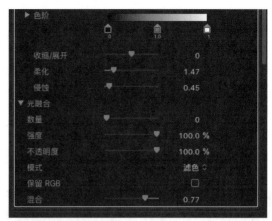

图5-38（续）

在"亮度抠像器"效果下，各主要选项的含义如下。

● "亮度"选项区：用于调整白色和黑色片段值，在该选项区中移动白色和黑色控制柄会更改参数值，从而产生不透明或全透明的前景视频。默认情况下，该选项区的控制柄设定为提供抠像，其中亮度电平将以线性方式控制前景的透明度，即100%白色为不透明，0%黑色为全透明，而25%灰色将保留25%的前景图像。

● "反转"复选框：勾选该复选框，可以反转抠像和移除前景片段的白色区域。

● "亮度滚降"滑块：用于调整边缘的柔和度。数值越高，边缘就越硬。

● "显示"选项区：用于微调抠像，包含"复合""遮罩"和"原始状态"3个选项。

● "遮罩工具"选项区：该选项区用于精炼以前参数集生成的透明度遮罩。

● "光融合"选项区：该选项区用于将复合背景层中的颜色和亮度值与抠像前景层混合。

● "保持RGB"复选框：勾选该复选框，可以将图像中的平滑锯齿文本或图形保持视觉上原封不动（可改善边缘）。

● "混合"滑块：调整抠像效果与未抠像效果的混合程度。

5.2.3 实战——为视频添加抠像效果

使用"遮罩"滤镜可以为视频片段添加渐变遮罩和聚焦效果，并通过设置滤镜的关键帧，制作特殊的视频效果。下面为大家介绍如何为视频添加特殊效果。

01 新建一个"事件名称"为"5.2.3"的事件，
在"事件浏览器"窗口的空白处右击，在弹
出的快捷菜单中，选择"导入媒体"命令，
打开"媒体导入"对话框，在"名称"下拉
列表框中，选择对应文件夹下的"草地"
和"母鸡"视频素材，单击"导入所选项"
按钮，将选择的视频片段添加至"事件浏览
器"窗口中，如图5-39所示。

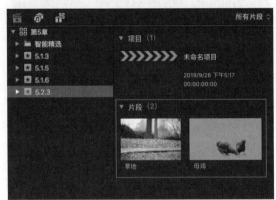

图5-39

02 在"事件浏览器"窗口中，选择"草地"视
频片段，将其添加至"磁性时间线"窗口的
视频轨道上，然后选择"母鸡"视频片段，
将其添加至"草地"视频片段的上方，调整
新添加视频片段的时间长度，使其与下方视
频片段的时间长度一致，如图5-40所示。

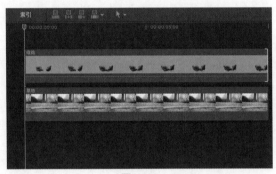

图5-40

03 在"效果浏览器"窗口中的左侧列表框中，
选择"抠像"选项，在右侧的列表框中，选
择"抠像器"滤镜效果，如图5-41所示。

04 将选择的滤镜效果添加至视频片段上，即可
添加抠像效果，在"监视器"窗口中查看抠
像后的效果，如图5-42所示。

图5-41

图5-42

5.3 视频的合成

本节介绍视频合成的相关操作，具体内容包
括简单合成、关键帧动画合成等。

5.3.1 简单合成

在Final Cut Pro X软件中，通过将多层视频
片段进行放大和缩小，可以使其合成为一个整体
画面。

简单合成的方法很简单，用户只需要先添
加背景素材片段，然后在背景片段的上方添加一
层及以上的前景素材片段，如图5-43所示，然后
选择前景素材片段，在"监视器"窗口中，执行
"变换"命令，当出现变换控制框后，调整控制
点，修改前景片段的大小和位置，最终完成图像
的简单合成操作，如图5-44所示。

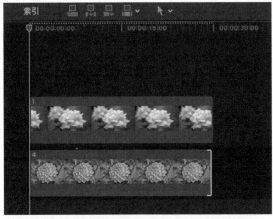

图5-43

图5-44

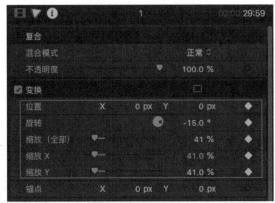

图5-45

图5-46

5.3.2　关键帧动画的合成

在进行视频合成操作时，可以在位于"检查器"窗口中的"变换"选项区下，添加并制作"位置""旋转"和"缩放"参数的关键帧，以此来制作合成视频的动画效果。

添加多层素材片段，并调整各层片段的位置，右击顶层的素材片段，打开快捷菜单，选择"变换"命令，然后在"监视器"窗口的左上角，单击"添加关键帧"按钮，此时"检查器"窗口中的"变换"选项区下，"位置""旋转"和"缩放"等选项后的关键帧会亮起，如图5-45所示。保持选择片段处于"变换"状态不变，按键盘上的向右方向键，逐渐向右移动，并随之调整图像的大小和位置，软件将自动创建新的关于该片段位置信息的关键帧，如图5-46所示。

在自动添加关键帧后，片段中的"位置""旋转""缩放"和"锚点"参数也将会在不同帧的位置发生变化。完成关键帧动画的添加后，在"监视器"窗口中，单击"从播放头位置向前播放-空格键"按钮，可以播放合成后的视频。

5.3.3　实战——合成动画视频

通过设置"变换"选项区参数值，可以将多个视频片段合成为一个整体。下面介绍合成动画视频的具体方法。

01　新建一个"事件名称"为"5.3.3"，在"事件浏览器"窗口的空白处右击，在弹出的快捷菜单中，选择"导入媒体"命令，打开"媒体导入"对话框，在"名称"下拉列表框中，选择对应文件夹下的"背景""小鸟1"和"小鸟2"图像素材，单击"导入所选项"按钮，将选择的图像片段添加至"事件浏览器"窗口中，如图5-47所示。

02 在"事件浏览器"窗口中选择图像片段，将其添加至"磁性时间线"窗口中相应的视频轨道上，如图5-48所示。

图5-47

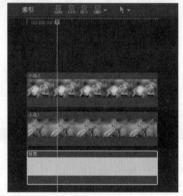

图5-48

03 选择"背景"图像片段，在"视频检查器"窗口的"变换"选项区中，修改"缩放（全部）"参数为134%，如图5-49所示，即可放大显示背景图像。

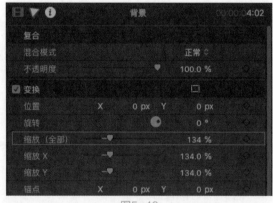

图5-49

04 选择"小鸟2"图像片段，在"监视器"窗口中右击，弹出快捷菜单，选择"变换"命令，如图5-50所示。

图5-50

05 显示变换控制框，将鼠标指针移至右下角控制点上，当鼠标指针呈双向箭头形状时，按住鼠标左键进行拖曳，调整其大小，如图5-51所示。

图5-51

06 在"监视器"窗口的左上角，单击"添加关键帧"按钮，此时"检查器"窗口中"变换"选区下的"位置""旋转""缩放"和"锚点"4个选项后的关键帧会全部亮起。将图像移动至合适的位置，然后旋转图像，此时"视频检查器"窗口中的"位置"参数变为-600.1px和223.5px，"旋转"参数变为9.9°，如图5-52所示。

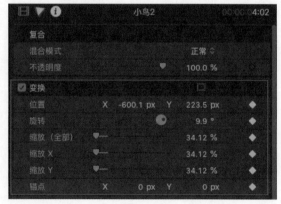

图5-52

07 将时间线移至00:00:00:24的位置，移动和旋转图像，此时"视频检查器"窗口中的"位置"参数变为-450.3 px和35.6 px，"旋转"参数变为-0.2°，如图5-53所示。在"监视器"窗口的右上角，单击"完成"按钮，即可完成"小鸟2"图像的关键帧合成动画的制作。

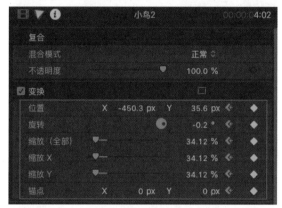

图5-53

08 使用同样的方法，选择"小鸟1"片段，在"监视器"窗口右击，打开快捷菜单，选择"变换"命令，显示变换控制框，将鼠标指针移至右下角控制点上，当鼠标指针呈双向箭头形状时，按住鼠标左键进行拖曳，调整其大小，在"监视器"窗口的左上角，单击"添加关键帧"按钮，再依次调整图像的位置和角度，添加多组关键帧，并在"监视器"窗口中显示运动路径，如图5-54所示。

图5-54

09 在"监视器"窗口的右上角，单击"完成"按钮，即可完成"小鸟1"图像的关键帧合成动画的制作。在"监视器"窗口中，单击"从播放头位置向前播放-空格键"按钮，播放预览动画效果，如图5-55所示。

图5-55

5.4 综合实战——制作"可爱动物"动画

本节通过实例练习滤镜的添加操作，并对添加后的滤镜图像进行关键帧设置，得到最终的动画视频效果。

01 新建一个"事件名称"为"5.4"的事件，然后在"事件浏览器"窗口的空白处右击，在弹出的快捷菜单中，选择"导入媒体"命令，打开"媒体导入"对话框，在"名称"下拉列表框中，选择对应文件夹下的"背景"和"动物1"~"动物4"图像素材，然后单击"导入所选项"按钮，将选择的图像素材导入添加至"事件浏览器"窗口中，如图5-56所示。

02 在"事件浏览器"窗口中选择新添加的"背景"图像片段，将其添加至"磁性时间线"窗口的视频轨道上，如图5-57所示。

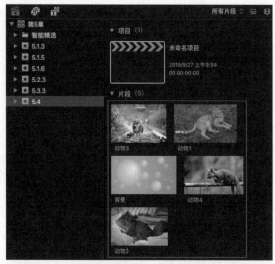

图5-56

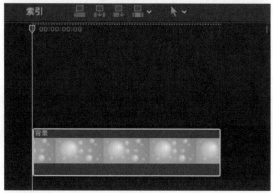

图5-57

03 使用同样的方法，将"事件资源库"窗口中的其他图像片段依次添加至"磁性时间线"窗口的视频轨道上，并调整各图像片段的时间长度为2s，如图5-58所示。

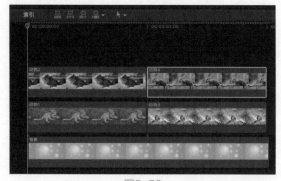

图5-58

04 在"效果浏览器"窗口中的左侧列表框中，选择"风格化"选项，在右侧列表框中，选择"简单边框"滤镜效果，如图5-59所示。

图5-59

05 将选择的"简单边框"滤镜效果添加至"动物1"图像片段上，然后在"视频检查器"窗口的"简单边框"选项区中，设置边框的颜色和宽度参数，如图5-60所示。

图5-60

06 选择"动物1"图像片段，在"视频检查器"窗口的"变换"选项区中，设置"缩放（全部）"参数为54%，如图5-61所示，即可更改图像的大小。

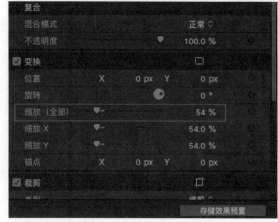

图5-61

07 选择"动物1"图像片段，执行"编辑"|"复制"命令，复制片段属性。依次选择其他的"动物"图像片段，执行"编辑"|"粘贴属性"命令，如图5-62所示。

图5-62

08 打开"粘贴属性"对话框，勾选"效果"和"缩放"复选框，然后单击"粘贴"按钮，如图5-63所示，即可复制和粘贴图像片段的属性效果。

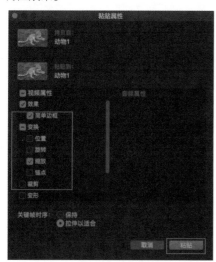

图5-63

09 将时间线移至00:00:00:00的位置，选择"动物2"图像片段，在"监视器"窗口中右击，弹出快捷菜单，选择"变换"命令，显示变换控制框。然后，在"监视器"窗口的左上角，单击"添加关键帧"按钮，此时"检查器"窗口"变换"选项区下的"位置""旋转""缩放"和"锚点"4个选项后的关键帧全部亮起，将图像移动至合适位置，并进行旋转和缩放操作，此时"视频检

查器"窗口中的"位置"参数变为-673.8px和347.1px，"旋转"参数变为14.3°，"缩放"参数变为37.38%，如图5-64所示。

图5-64

10 将时间线移至00:00:00:19的位置，对图像进行移动、旋转和缩放操作，此时"视频检查器"窗口中的"位置"参数变为-546.7px和147.4px，"旋转"参数变为-1.2°、"缩放"参数变为35.29%，如图5-65所示。

图5-65

11 将时间线移至00:00:01:14的位置，对图像进行移动、旋转和缩放操作，此时"视频检查器"窗口中的"位置"参数变为-369.4px和-23.5px，"旋转"参数变为-19.7°，"缩放"参数变为41.36%，如图5-66所示。在"监视器"窗口的右上角，单击"完成"按钮，即可完成"动物2"图像的关键帧合成动画的制作。

12 将时间线移至00:00:00:00的位置，选择"动物1"图像片段，在"监视器"窗口中右击，弹出快捷菜单，选择"变换"命令，显示变换控制框，在"监视器"窗口的左上角，单击"添加关键帧"按钮，此时"检查器"窗口中"变换"选项区下的"位置""旋转""缩放"和"锚点"4个选项后的关键帧全部亮起，将图像移动至合适的位置，并进行旋转和缩放操作，此时"视频检查器"窗口中的"位置"参数变为753.1px和265.9px，"旋转"参数变为8.7°，"缩放"参数变为38.78%，如图5-67所示。

图5-66

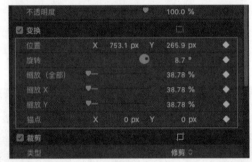

图5-67

13 将时间线移至00:00:00:19的位置，对图像进行移动、旋转和缩放操作，此时"视频检查器"窗口中的"位置"参数变为447.6px和57.7px，"旋转"参数变为-4.5°，"缩放"参数变为46.07%，如图5-68所示。

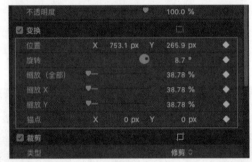

图5-68

14 将时间线移至00:00:01:14的位置，对图像进行移动、旋转和缩放操作，此时"视频检查器"窗口中的"位置"参数变为266.1px和-79.9px，"旋转"参数变为-1.6°，"缩放"参数变为50.49%，如图5-69所示。在"监视器"窗口的右上角，单击"完成"按

钮，即可完成"动物1"图像的关键帧合成动画的制作。

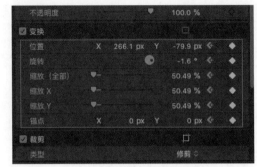

图5-69

15 依次选择"动物1"和"动物2"图像片段，通过"粘贴属性"命令，将选择图像片段中的属性效果粘贴进"动物3"和"动物4"图像片段中，完成所有图像片段的关键帧动画制作。在"监视器"窗口中，单击"从播放头位置向前播放-空格键"按钮▶，播放预览动画效果，如图5-70所示。

图5-70

5.5　本章小结

本章的学习重点是Final Cut Pro X软件中的各种抠像、合成与混合模式的应用方法，熟练掌握抠像与合成的应用方法，有助于创作和编辑复杂的影视项目。此外，在学习了视频动画与合成效果的制作后，可以快速有效地将多个视频和图像片段组合在一起，以得到新的画面效果。

在制作视频效果时，通过"颜色"类别下的滤镜效果，可以直接校正视频画面的色彩、亮度、对比度和色相等颜色效果，并匹配不同片段之间的颜色信息，使得整个视频画面的色彩更加出众。本章详细介绍Final Cut Pro X软件中视频色彩校正的操作方法。

第6章

色彩校正视频

本章重点

- 匹配片段颜色
- 添加形状和颜色遮罩
- 调整画面亮度、对比度和饱和度
- 校正特殊区域的颜色

本章效果欣赏

6.1 一级色彩校正

使用"一级色彩校正"功能可以在整体上调整视频片段的画面，平衡画面中的色彩，并解决画面中的对比度、饱和度和曝光度等问题。本节详细讲解Final Cut Pro X软件中一级色彩校正的操作方法，具体内容包括色彩平衡、复制颜色属性、匹配画面颜色，以及调整画面亮度和对比度等操作。

6.1.1　色彩平衡

通过Final Cut Pro X中的"平衡色彩"命令，可以自动且快速地调整所选片段画面中较为明显的色偏及对比度的问题。调用"平衡色彩"命令的方法有以下几种。

● 执行"修改"|"平衡颜色"命令，如图6-1所示。

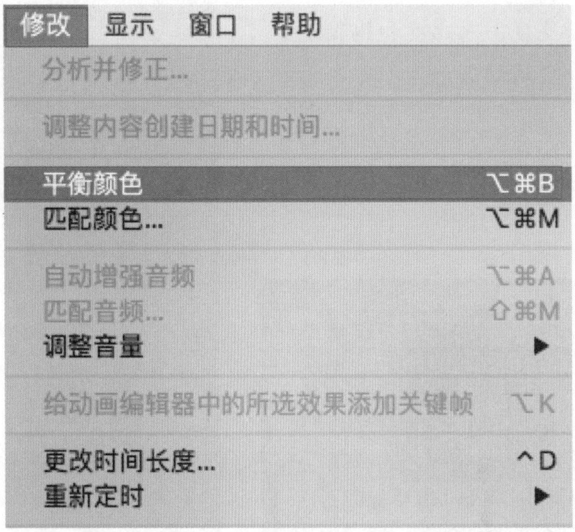

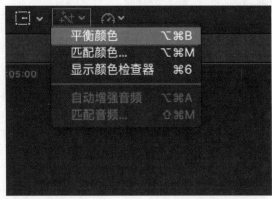

图6-1

● 在"监视器"窗口中，单击窗口左下角的"选取颜色校正和音频增强选项"右侧的三角按钮，展开列表框，选择"平衡颜色"命令，如图6-2所示。

● 按快捷键Option+Command+B。

图6-2

执行以上任意一种方法，均可以平衡媒体素材中的颜色效果，并自动调整所选片段画面中的色彩平衡及偏色问题。平衡颜色后的前后对比效果如图6-3所示。

图6-3

在应用了"平衡色彩"功能后，在该片段的"视频检查器"窗口的"效果"选项区中，会自动添加一个"平衡颜色"选项，如图6-4所示，勾选该选项前的蓝色复选框，可以对平衡色彩前后的画面进行对比。

图6-4

技巧与提示　在"磁性时间线"窗口的视频轨道上框选多个片段后，再选择"平衡颜色"命令，可以同时对多个片段的色彩进行校正。

6.1.2　实战——复制颜色属性

在为某个视频片段应用了"颜色"效果后，通过"复制"和"粘贴属性"功能，可以直接将已添加的"颜色"效果复制粘贴至其他视频片段上。下面介绍复制颜色属性的具体方法。

01 新建一个名称为"第6章"的资源库。然后

在"事件资源库"窗口中新建一个"事件名
称"为"6.1.2"的事件。

02　在新添加事件的"事件浏览器"窗口的空白
处右击，在弹出的快捷菜单中，选择"导入
媒体"命令，打开"媒体导入"对话框，在
"名称"下拉列表框中，选择对应文件夹下
的"橘子"和"爱心"视频素材，然后单击
"导入所选项"按钮，将视频素材导入"事
件浏览器"窗口，如图6-5所示。

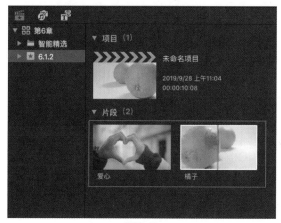

图6-5

03　分别选择"橘子"图像片段和"爱心"视频
片段，将其添加至"磁性时间线"窗口的视
频轨道上，如图6-6所示。

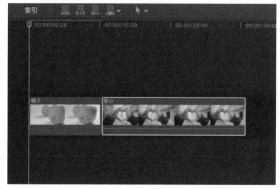

图6-6

04　选择左侧的"橘子"图像片段，执行"修
改"|"平衡颜色"命令，如图6-7所示。

05　完成上述操作后，即可平衡选择片段的颜色
效果，在"监视器"窗口中可以查看当前图
像效果，如图6-8所示。

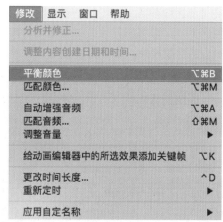

图6-7

图6-8

06　选择左侧的"橘子"图像片段，执行"编
辑"|"拷贝"命令，拷贝片段属性，如图6-9
所示。

07　选择视频轨道上右侧的"爱心"视频片段，
执行"编辑"|"粘贴属性"命令，如图6-10
所示。

图6-9　　　　图6-10

08　打开"粘贴属性"对话框，勾选"效果"
复选框，然后单击"粘贴"按钮，如图6-11
所示。

09 完成上述操作后，即可复制和粘贴颜色的属性，并在"监视器"窗口中查看复制颜色属性后的片段效果，如图6-12所示。

图6-11

图6-12

　　利用复制和粘贴效果或属性的方式，因为调节参数是一定的，所以并不能做到对不同片段画面中的问题进行具体分析，仅适用于对相同或相似拍摄条件下的片段进行色彩校正。

6.1.3　实战——匹配片段颜色

　　使用"匹配颜色"命令，可以将多个剪辑片段的色调调整为一致。下面介绍匹配片段颜色的具体方法。

01 新建一个"事件名称"为"6.1.3"的事件，在新添加事件的"事件浏览器"窗口的空白处右击，在弹出的快捷菜单中，选择"导入媒体"命令，打开"媒体导入"对话框，在"名称"下拉列表框中，选择对应文件夹下的"彩色鸡蛋"和"露珠"视频素材，然后单击"导入所选项"按钮，将选择的视频素材导入"事件浏览器"窗口中，如图6-13所示。

图6-13

02 选择已添加的视频片段，将它们添加至"磁性时间线"窗口的视频轨道上，如图6-14所示。

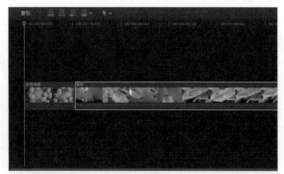

图6-14

03 选择"彩色鸡蛋"片段，在"监视器"窗口中的左下角，单击"选取颜色校正和音频增强选项"按钮，展开列表框，选择"匹配颜色"命令，如图6-15所示。

04 上述操作完成后，"监视器"窗口被一分为二，且鼠标指针下方会出现相机图标。将光标移至"磁性时间线"窗口的"露珠"视频片段上，如图6-16所示。

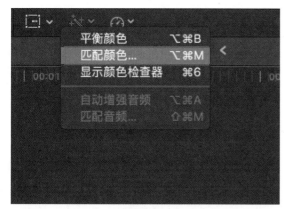

图6-15

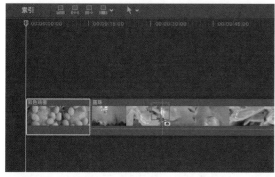

图6-16

05 在"露珠"视频片段上单击，即可匹配颜色，然后在"监视器"窗口的右下角，单击"应用匹配项"按钮，如图6-17所示。

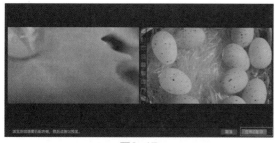

图6-17

06 上述操作完成后，即可在"监视器"窗口中查看匹配颜色后的最终效果，如图6-18所示。

图6-18

6.1.4　手动色彩校正

除了对画面的色彩进行自动平衡与校正外，也可以手动对画面进行调节。手动校正色彩的方法很简单，主要有以下几种方法。

● 执行"编辑"|"添加颜色板"命令，如图6-19所示。

图6-19

● 在"监视器"窗口中，单击窗口左下角的"选取颜色校正和音频增强选项"右侧的三角按钮，展开列表框，选择"显示颜色检查器"命令，如图6-20所示。

● 按快捷键Option+E或Command+6。

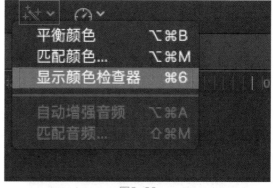

图6-20

执行以上任意一种方法，均可以在"视频检查器"窗口的"效果"选项区中自动添加"色彩校正"选项，在其颜色面板中可以对画面中的颜色、饱和度及曝光这3项参数进行调节，单击最上方的"颜色""饱和度"和"曝光"按钮，可以在各参数面板之间进行切换，如图6-21所示。

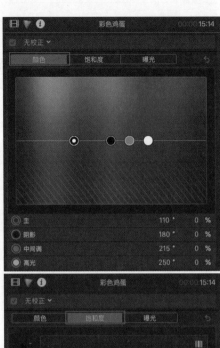

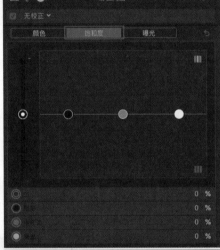

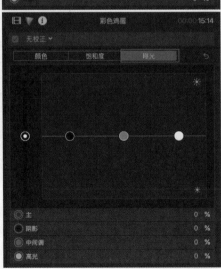

图6-21

在"颜色检查器"窗口中进行参数调整时，需要注意以下几点。

- 画面的颜色通常由三原色组成，分别为红色、绿色和蓝色。当三原色中的任意两种颜色进行混合后会出现黄色、品红和青色。
- 饱和度是指颜色数值的强度。饱和度越低，画面越接近黑白色效果。
- 曝光度是指画面的亮度，当画面的亮度为100%时，画面为最高亮度，显示为白色；而当亮度为0%时，画面显示为黑色。

在同一视频片段中，可以添加多个色彩校正，当添加了多个色彩校正时，可以在列表中对颜色板进行切换，如图6-22所示。

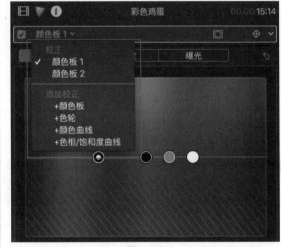

图6-22

技巧与提示 在手动调节画面平衡时，建议按照亮度、颜色、饱和度的顺序，结合视频观测仪对画面进行调整。

6.1.5 实战——调整画面亮度与对比度

当视频画面颜色过暗时，通过"亮度"和"对比度"滤镜效果可以调整视频画面的亮度和对比度。下面介绍调整画面亮度与对比度的具体方法。

01 新建一个"事件名称"为"6.1.5"的事件，在新添加事件的"事件浏览器"窗口的空白处右击，在弹出的快捷菜单中，选择"导入媒体"命令，打开"媒体导入"对话框，在"名称"下拉列表框中，选择对应文件夹下的"猫咪"视频素材，然后单击"导入所选项"按钮，将选择的视频素材导入"事件浏览器"窗口，如图6-23所示。

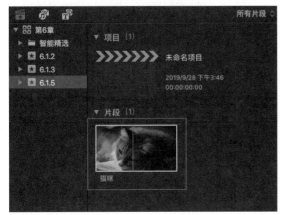

图6-23

02　选择上述操作中添加的视频片段，将其添加至"磁性时间线"窗口的视频轨道上，如图6-24所示。

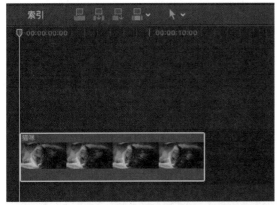

图6-24

03　在"效果浏览器"窗口的左侧列表框中，选择"颜色预置"选项，在右侧的列表框中，选择"变亮"滤镜效果，如图6-25所示。

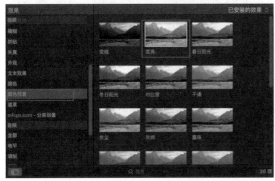

图6-25

04　将选择的"变亮"滤镜效果添加至视频片段上，然后在"颜色检查器"窗口中，单击"曝光"按钮，并在该列表框中，依次调整3个圆点的位置，如图6-26所示。

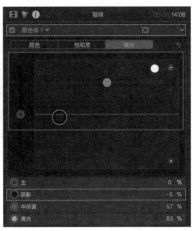

图6-26

05　上述操作完成后，即可调整视频画面的亮度。在"监视器"窗口中可查看调整后的效果，如图6-27所示。

图6-27

06　在"效果浏览器"窗口的左侧列表框中，选择"颜色预置"选项，在右侧列表框中，选择"对比度"滤镜效果，如图6-28所示。

图6-28

07 将选择的"对比度"滤镜效果添加至视频片段上，即可调整视频画面的对比度。在"监视器"窗口中可查看调整后的效果，如图6-29所示。

图6-29

6.1.6 调整画面饱和度

通过"饱和度"功能可以控制图像中颜色的强度。当调高参数值时，可以生成鲜明的颜色；当降低参数值时，可以生成没有颜色的灰度图像。

调整画面饱和度的方法很简单，用户只需要在"视频检查器"窗口中，单击"饱和度"按钮，然后在对应的列表框中，移动4个圆点滑块，则可以分别调整全局、阴影、中间调和高光4个部分的饱和度，如图6-30所示。

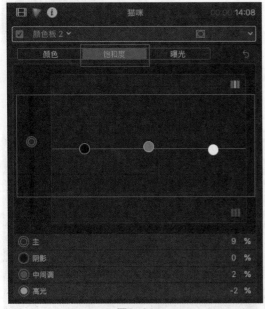

图6-30

6.2 二级色彩校正

使用"二级色彩校正"功能，可以通过创建遮罩的方式对画面的特定区域或特定颜色范围进行调整，且不会影响遮罩外的画面效果。本节详细讲解Final Cut Pro X软件中一级色彩校正的操作方法，包括色彩平衡、复制颜色属性、匹配画面颜色，以及调整画面亮度和对比度等操作。

6.2.1 添加形状遮罩

使用"形状遮罩"功能可以定义图像中的某个区域，以便在该区域内部或外部应用色彩校正。在添加形状遮罩效果时，不仅可以添加单个或多个形状遮罩定义多个区域，也可以使用关键帧将这些形状制作成动画，使它们在摄像机摇动时跟随移除的对象或区域移动。

添加形状遮罩的具体方法是：在时间线中选择视频片段，为选择的视频片段添加色彩校正，然后在"颜色检查器"窗口的"颜色板"选项区中，单击"应用形状或颜色遮罩，或者反转已应用的遮罩"按钮■，展开列表框，选择"添加形状遮罩"命令，如图6-31所示。操作完成后，即可添加形状遮罩，此时在"监视器"窗口中，将显示同心圆形状，如图6-32所示。在同心圆形状的控制点上，按住鼠标左键进行拖曳，可以调整同心圆形状的大小和形状。

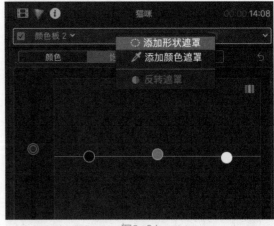

图6-31

图6-32

为形状添加遮罩后，在"颜色"面板中选择控制点，并进行上下移动，调整形状遮罩内的颜色，前后对比效果如图6-33所示。

图6-33

6.2.2　实战——制作画面褪色效果

使用"形状遮罩"功能可以在指定范围内降低画面的饱和度，制作出画面褪色效果。下面介绍如何制作画面褪色效果。

01 新建一个"事件名称"为"6.2.2"的事件，在"事件浏览器"窗口的空白处右击，在弹

出的快捷菜单中，选择"导入媒体"命令，打开"媒体导入"对话框，选择对应文件夹下的"美食制作"视频素材，单击"导入所选项"按钮，将选择的视频片段添加至"事件浏览器"窗口，如图6-34所示。

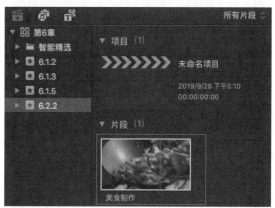

图6-34

02 在"事件浏览器"窗口中，选择"美食制作"视频片段，将其添加至"磁性时间线"窗口的视频轨道上，如图6-35所示。

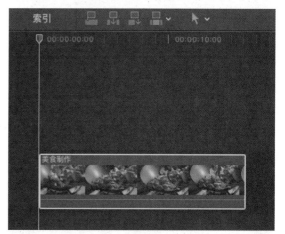

图6-35

03 选择视频片段，在"颜色检查器"窗口中，单击"无校正"右侧的三角按钮，展开列表框，选择"颜色板"命令，如图6-36所示。

04 添加一个色彩校正，然后单击"应用形状或颜色遮罩，或者反转已应用的遮罩"按钮，展开列表框，选择"添加形状遮罩"命令，如图6-37所示。

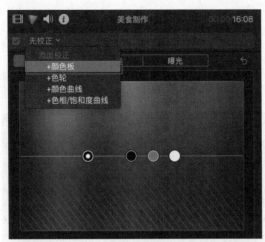

图6-36

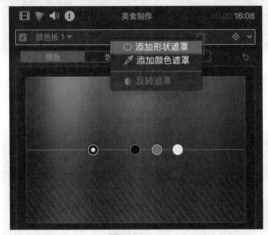

图6-37

05 添加一个形状遮罩，并在"监视器"窗口中显示一个同心圆形状，选择形状中的控制点，按住鼠标左键进行拖曳，调整同心圆形状的大小和位置，如图6-38所示。

图6-38

06 在"颜色检查器"窗口中，单击"饱和度"按钮，在该列表框中，按住最左侧的"主"圆点并向下拖曳，如图6-39所示。

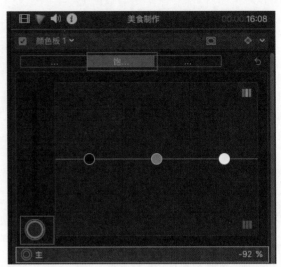

图6-39

07 上述操作完成后，即可将遮罩内部画面的饱和度降低，从而制作出画面褪色效果，并在"监视器"窗口查看画面褪色效果，如图6-40所示。

图6-40

技巧与提示　　在"颜色检查器"窗口的"遮罩"选项区中可以选择调整的范围。单击"内部"按钮时，会在设定的遮罩区域内进行调节，不影响所选区域外部的画面。而单击"外部"按钮时则正好相反，仅调整遮罩区域外部的画面，对所选区域的内部没有影响，如图6-41所示。

图6-41

6.2.3　添加颜色遮罩

使用"颜色遮罩"功能可以隔离图像中的特定颜色，并在校正特定颜色时，或在校正图像区域部分时排除该颜色。

添加颜色遮罩的具体方法是：在时间线中选择视频片段，为选择的视频片段添加色彩校正，然后在"颜色检查器"窗口的"颜色板"选项区中，单击"应用形状或颜色遮罩，或者反转已应用的遮罩"按钮，展开列表框，选择"添加颜色遮罩"命令，如图6-42所示。操作完成后，即可添加颜色遮罩。当鼠标指针呈滴管状态时，在"监视器"窗口中，将滴管放在图像中要隔离的颜色上，按住鼠标左键并进行拖曳，将显示一个圆圈，如图6-43所示。释放鼠标左键后，完成颜色范围的选择，圆圈的大小决定了颜色遮罩中包括的颜色范围。

图6-42

图6-43

如果要调整颜色遮罩的参数值，可以在"颜色遮罩"选项区中进行修改，如图6-44所示。

图6-44

在"颜色遮罩"选项区中，各主要选项的含义如下。

- 内部：单击该按钮，可以将色彩校正应用于所选颜色。
- 外部：单击该按钮，可以将色彩校正应用于所选颜色之外的任何内容。
- Softness（柔和度）：用于调整颜色遮罩的边缘。
- 查看遮罩：单击该文字，可以查看颜色遮罩的Alpha通道。

6.2.4　实战——为视频特定区域校色

使用"颜色遮罩"功能，可以在特定的区域校正图像的色彩。下面介绍为视频特定区域校色的具体方法。

01 新建一个"事件名称"为"6.2.4"，在新添加事件的"事件浏览器"窗口的空白处右击，在弹出的快捷菜单中，选择"导入媒体"命令，打开"媒体导入"对话框，选择对应文件夹下的"蜜蜂与花朵"视频素材，单击"导入所选项"按钮，将选择的视频片段添加至"事件浏览器"窗口中，如图6-45所示。

图6-45

02 在"事件浏览器"窗口中选择图像片段，将其添加至"磁性时间线"窗口中相应的视频轨道上，如图6-46所示。

03 选择视频片段，在"颜色检查器"窗口中，单击"无校正"右侧的三角按钮，展开列表框，选择"色轮"命令，如图6-47所示。

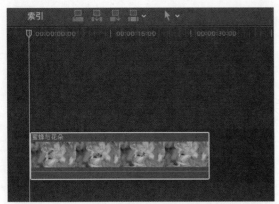

图6-46

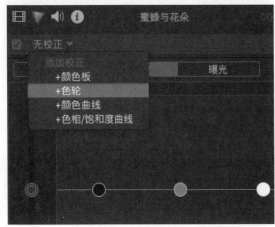

图6-47

04 添加一个色彩校正,然后单击"应用形状或颜色遮罩,或者反转已应用的遮罩"按钮█,展开列表框,选择"添加颜色遮罩"命令,如图6-48所示。

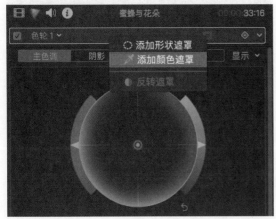

图6-48

05 添加一个颜色遮罩,当鼠标指针呈现滴管形状时,按住鼠标左键进行拖曳,出现一个圆

圈,如图6-49所示,释放鼠标左键,即可完成色彩范围的选择。

图6-49

06 在"颜色检查器"窗口的"色轮1"选项区中,将圆点移动至合适的位置,然后设置"色调"为9.0,设置"色相"为15.4°,在"颜色遮罩"选项区中,向右移动Softness(柔和度)滑块,调整其参数值为48.0,如图6-50所示。

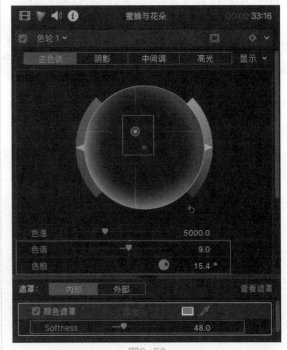

图6-50

07 上述操作完成后,即可为特定的区域校正颜色。在"监视器"窗口中,可以预览校正颜色后的画面效果,如图6-51所示。

图6-51

6.3 综合实战——校正"花树"视频的色彩

本节通过实例来练习视频颜色的校正操作，并通过"遮罩"功能完成形状和颜色遮罩的制作。

01 新建一个"事件名称"为"6.3"的事件，然后在新添加事件的"事件浏览器"窗口的空白处右击，在弹出的快捷菜单中，选择"导入媒体"命令，打开"媒体导入"对话框，选择对应文件夹下的"花树"视频素材，然后单击"导入所选项"按钮，将选择的视频素材导入"事件浏览器"窗口，如图6-52所示。

02 在"事件浏览器"窗口中选择新添加的"花树"视频片段，将其添加至"磁性时间线"窗口的视频轨道上，如图6-53所示。

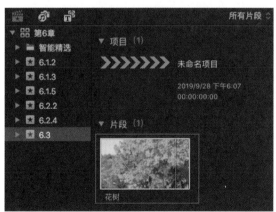

图6-52

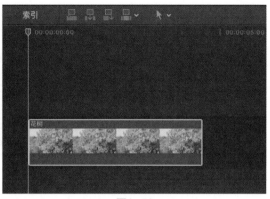

图6-53

03 在"效果浏览器"窗口的左侧列表框中，选择"颜色"选项，在右侧列表框中，选择"色相/饱和度"滤镜效果，如图6-54所示。

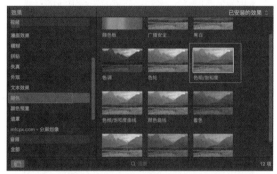

图6-54

04 将选择的"色相/饱和度"滤镜效果添加至"花树"视频片段上，然后在"视频检查器"窗口的"色相/饱和度"选项区中，依次拖曳相应的滑块，调整参数值，如图6-55所示。

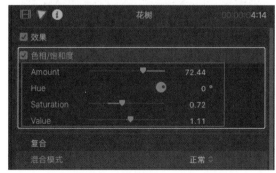

图6-55

05 上述操作完成后，即可调整视频片段的色相与饱和度。在"监视器"窗口中可以预览调整后的效果，如图6-56所示。

图6-56

06 选择视频片段，在"颜色检查器"窗口中，单击"无校正"右侧的三角按钮，展开列表框，选择"颜色曲线"命令，如图6-57所示。

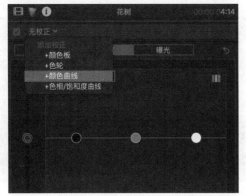

图6-57

07 添加一个色彩校正，然后单击"应用形状或颜色遮罩，或者反转已应用的遮罩"按钮，展开列表框，选择"添加形状遮罩"命令，如图6-58所示。

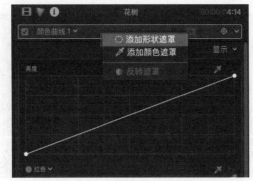

图6-58

08 添加一个形状遮罩，此时在"监视器"窗口中会显示一个同心圆形状，选择形状中的控制点，按住鼠标左键进行拖曳，调整同心圆形状的大小和位置，如图6-59所示。

图6-59

09 在"颜色检查器"窗口的"颜色曲线1"选项区中，依次在"红色"和"绿色"曲线上添加控制点，并调整控制点的位置，如图6-60所示，完成形状遮罩的添加。

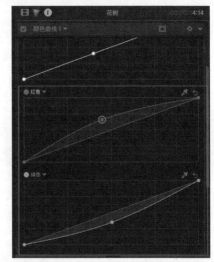

图6-60

10 在"颜色检查器"窗口中，单击"颜色曲线1"右侧的三角按钮，展开列表框，选择"颜色板"命令，如图6-61所示。

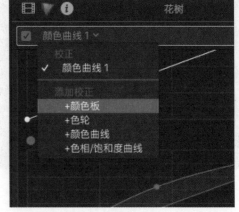

图6-61

11 添加一个色彩校正，然后单击"应用形状或颜色遮罩，或者反转已应用的遮罩"按钮，展开列表框，选择"添加颜色遮罩"命令，如图6-62所示。

图6-62

12 添加一个颜色遮罩，当鼠标指针呈滴管形状时，按住鼠标左键进行拖曳，出现一个圆圈，如图6-63所示，释放鼠标左键，即可添加颜色范围。

图6-63

13 在"颜色检查器"窗口的"颜色"选项区中，依次移动4个圆点滑块，调整各参数值，如图6-64所示。

图6-64

14 上述操作完成后，即可调整颜色遮罩范围内的视频颜色。在"监视器"窗口中，可以预览调整后的效果，如图6-65所示。

图6-65

6.4 本章小结

本章的学习重点是Final Cut Pro X软件中各种色彩校正的应用方法，灵活运用这部分的色彩校正知识，能帮助我们在进行视频编辑处理时，达到视频片段色彩平衡与匹配的目的。在熟练掌握了视频的校色技术后，可以对一些存在偏色、曝光度不足等问题的视频画面进行色彩校正，从而得到新的画面效果。

第7章

字幕与发生器

本章详细讲解字幕与发生器的应用方法。在Final Cut Pro X中，通过添加字幕与发生器，可以在片段中添加与影片有关的文字信息，从而向观众传达影片所要表述的信息。

本章重点

- 制作与编辑字幕
- 使用主题与发生器
- FCPX与Motion的协同工作

本章效果欣赏

7.1 制作字幕

在影片的编辑和处理过程中，通过字幕可以有效地向观众传达影片信息。本节详细介绍Final Cut Pro X软件中字幕的制作方法，包括添加连接字幕、修改文字设置、添加字幕预设效果等操作。

7.1.1 添加连接字幕

连接字幕包含了"基本字幕"与"基本下三分之一"字幕，是影片中添加文字基础且常用的方式。添加连接字幕的方法有以下几种。

● 执行"编辑"|"连接字幕"命令，在展开的子菜单中，可以选择"基本字幕"或"基本下三分之一"命令，如图7-1所示。

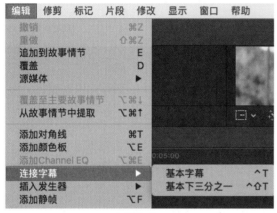

图7-1

● 在"字幕和发生器"窗口的左侧列表框中，选择"字幕"选项，在右侧列表框中，选择"基本下三分之一"和"基本字幕"选项，如图7-2所示。
● 按快捷键Control+T。

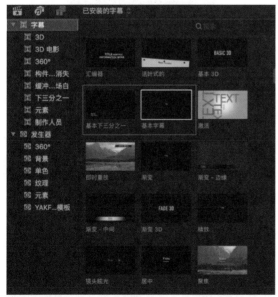

图7-2

执行以上任意一种方法，均可以在"磁性时间线"窗口的视频轨道上添加一个紫色的连接字幕。添加的"基本字幕"的默认持续时间为10s，如图7-3所示。选择字幕片段的位置，待光标变为修剪状态时进行左右拖曳，即可延长或缩短字幕片段的时间长度。

图7-3

选择字幕片段，在"监视器"窗口中会显示白色的"标题"文本，在选择的字幕片段上，双击鼠标左键，"监视器"窗口中的文字会呈被选中状态，此时可以输入自定义文本内容，如图7-4所示。

图7-4

> **技巧与提示** 在"事件资源库"窗口中，单击"显示或隐藏'字幕和发生器'边栏"按钮，可以打开"字幕和发生器"窗口。

7.1.2 修改文字设置

在添加了标题字幕后，如果要进一步对文字格式与外观属性进行调整，可以在"文本检查器"窗口中进行相关操作，如图7-5所示。

图7-5

1. 基本格式

在"字幕检查器"窗口的"基本"选项区中，可以对字幕中文字的格式、大小、对齐、行间距等参数或属性进行设置。在"基本"选项区中，各选项的含义如下。

- 字体：展开该选项的列表框，可以选择不同的字体样式。
- 常规体：展开该选项的列表框，可以选择字体的粗细样式。
- 大小：左右拖曳滑块可以改变字体的大小，也可以单击滑块后的数字，直接输入数值调整字体的大小。
- 对齐：设置文字与行末文字的对齐方式，包括向左对齐、居中对齐和向右对齐。
- 垂直对齐：设置垂直方向文字对齐的方式。

- 行间距：当输入多行文字时，用来设置行与行之间的距离。
- 字距：用来设置字幕文字之间的距离。
- 基线：设置每行文字的基础高度。
- 全部大写：勾选该复选框，可以将输入的英文字幕切换为大写形式。
- 全部大写字母大小：设置大写英文字幕的大小。

技巧与提示　　在"基本"选项区中，单击选项区右侧的"隐藏"文本，可以屏蔽或者激活该选项。单击该选项右侧的"还原"按钮，可以将其恢复为默认状态。

2. 3D格式

启用"3D文本"功能可以制作出立体感的文本效果。在"字幕检查器"窗口中勾选"3D文本"复选框，然后单击其右侧的"显示"文本，即可显示"3D文本"选项区，如图7-6所示。在该选项区中可以设置3D文本的填充颜色、不透明度、模糊等参数。图7-7所示为制作的3D文本效果。

图7-6

图7-7

3. 表面格式

启用"表面"功能可以为字幕填充颜色效果。在"字幕检查器"窗口中勾选"表面"复选框，然后单击其右侧的"显示"文本，即可显示"表面"选项区中的内容，如图7-8所示，在该选项区中可以调整填充颜色、不透明度、模糊等属性。

图7-8

在"表面"选项区中各选项的含义如下。

● 填充以：在该列表框中包含"颜色""渐变"和"纹理"3个选项，选择不同的文字填充形式，可以得到不同的填充效果。

● 颜色：单击该颜色块，打开"颜色"对话框，在该对话框中可以选择不同的颜色效果，如图7-9所示。

● 不透明度：拖曳滑块可以调整文本的透明度显示效果。

● 模糊：拖曳滑块可以调整文本的模糊效果。

图7-9

4. 外框格式

启用"外框"功能可以为字幕文本添加外边框效果。在"字幕检查器"窗口中勾选"外框"复选框，然后单击其右侧的"显示"文本，即可显示"外框"选项区中的内容，如图7-10所示，在该选项区中可以调整填充颜色、不透明度、宽度等属性。图7-11所示为添加外框后的字幕效果。

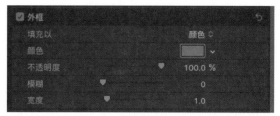

图7-10

图7-11

5. 光晕格式

启用"光晕"功能可以为字幕文本添加发光效果，该效果与"外框"效果类似。在"字幕检查器"窗口中勾选"光晕"复选框，然后单击其右侧的"显示"文本，即可显示"光晕"选项区中的内容，如图7-12所示，在该选项区中可以设置填充颜色、不透明度、半径等属性。图7-13所示为添加字幕光晕后的文字效果。

图7-12

图7-13

6. 阴影格式

启用"阴影"功能可以为字幕添加阴影效

果。在"字幕检查器"窗口中勾选"阴影"复选框，然后单击其右侧的"显示"文本，即可显示"阴影"选项区中的内容，如图7-14所示，在该选项区中可以设置填充颜色、不透明度、距离、角度等属性。图7-15所示为添加字幕阴影后的文字效果。

图7-14

图7-15

7.1.3 添加字幕预设效果

在Final Cut Pro X软件中添加字幕预设效果，可以通过"字幕和发生器"窗口进行相关操作。在"字幕和发生器"窗口的"字幕"列表框中包含了多种预设字幕，如图7-16所示。

图7-16

在"字幕和发生器"窗口中选择特效字幕，按住鼠标左键进行拖曳，将特效字幕放置到"磁

性时间线"窗口视频轨道上，释放鼠标左键，即可添加特效字幕，如图7-17所示。在添加特效字幕后，用户只需直接在"字幕检查器"窗口的"文本"选项区中输入文本内容即可。添加特效后的字幕效果如图7-18所示。

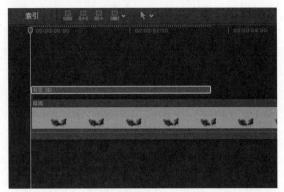

图7-17

图7-18

7.1.4 实战——添加开场字幕

在了解了字幕的添加与编辑方法后，可以很方便地为影片添加开场、影片描述等字幕效果。下面介绍添加开场字幕的具体方法。

01 新建一个名称为"第7章"的资源库。然后在"事件资源库"窗口中新建一个"事件名称"为"7.1.4"的事件。

02 在新添加事件的"事件浏览器"窗口的空白处右击，在弹出的快捷菜单中，选择"导入媒体"命令，打开"媒体导入"对话框，在"名称"下拉列表框中，选择对应文件夹下的"树叶"视频素材，然后单击"导入所选项"按钮，将视频素材导入"事件浏览器"窗口，如图7-19所示。

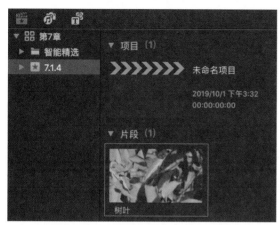

图7-19

03 选择"树叶"视频片段，将其添加至"磁性时间线"窗口的视频轨道上，如图7-20所示。

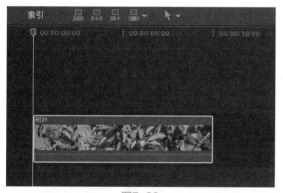

图7-20

04 执行"编辑"|"连接字幕"|"基本字幕"命令，如图7-21所示。

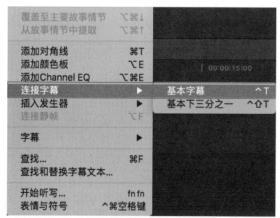

图7-21

05 在视频片段的上方将新建一个字幕片段，将新添加字幕片段的时间长度调整至与视频片段的时间长度一致，如图7-22所示。

图7-22

06 选择字幕片段，然后在"监视器"窗口中选择标题文本，按住鼠标左键进行拖曳，将标题文本移动到合适的位置，如图7-23所示。

图7-23

07 在"文本检查器"窗口的"文本"选项区中，输入新的文本"红苹果"，如图7-24所示。

图7-24

08 在"基本"选项区中，展开"字体"选项的列表框，选择"汉仪粗圆简"字体，设置"大小"为90.0，设置"行间距"为7.0，如图7-25所示。

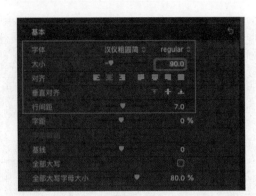

图7-25

09 勾选"表面"复选框，然后单击"显示"文本，展开该选项区，设置"颜色"为白色，如图7-26所示。

图7-26

10 勾选"投影"复选框，然后单击"显示"文本，展开该选项区，设置"模糊"为0.52，设置"距离"为7.0，如图7-27所示。

图7-27

11 上述操作完成后，即可完成字幕的添加与编辑。在"监视器"窗口中，可查看最终的字幕效果，如图7-28所示。

图7-28

7.1.5 实战——复制字幕

在添加字幕后，如果需要为字幕设置统一的字体格式，可以通过"拷贝"和"粘贴"功能，对字幕进行复制和粘贴操作，然后再对复制后的字幕中的文本内容进行修改。下面介绍复制字幕的具体操作方法。

01 新建一个"事件名称"为"7.1.5"的事件，在新添加事件的"事件浏览器"窗口的空白处右击，在弹出的快捷菜单中，选择"导入媒体"命令，打开"媒体导入"对话框，在"名称"下拉列表框中，选择对应文件夹下的"水果"和"紫葡萄"媒体素材，然后单击"导入所选项"按钮，将选择的媒体素材导入"事件浏览器"窗口，如图7-29所示。

图7-29

02 选择已添加的媒体片段，将其添加至"磁性时间线"窗口的视频轨道上，如图7-30所示。

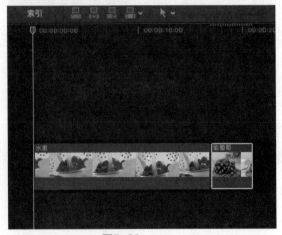

图7-30

03 执行 "编辑" | "连接字幕" | "基本字幕" 命令，在视频片段的上方将新建一个字幕片段，并将新添加字幕片段的时间长度调整至与左侧视频片段的时间长度一致，如图7-31所示。

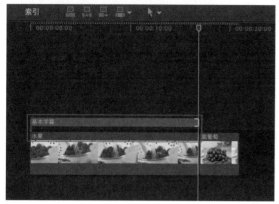

图7-31

04 选择基本片段字幕，在 "字幕检查器" 窗口中的 "文本" 选项区中，输入文本 "刺莓"，然后在 "基本" 选区中，设置 "字体" 为 "方正艺黑简体"，设置 "大小" 为74.0，如图7-32所示。

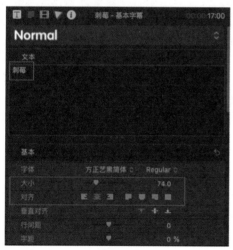

图7-32

05 勾选 "表面" 和 "投影" 复选框，然后单击 "表面" 复选框右侧的 "显示" 文本，展开该选项区，设置 "颜色" 为青色，如图7-33所示。

06 上述操作完成后，即可完成字幕的添加与编辑。在 "监视器" 窗口中，将字幕移至合适的位置，效果如图7-34所示。

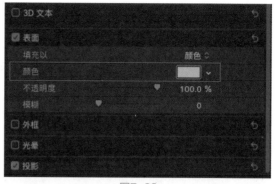

图7-33

图7-34

07 选择基本字幕片段，执行 "编辑" | "拷贝" 命令，如图7-35所示，拷贝字幕。

08 将时间线移动至00:00:17:00位置，然后执行 "编辑" | "粘贴" 命令，如图7-36所示。

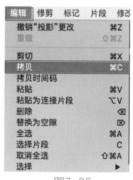

图7-35　　　　　　图7-36

09 上述操作完成后，即可将选择的字幕复制粘贴至 "紫葡萄" 图像片段的上方，然后调整字幕片段的时间长度，如图7-37所示。

10 选择复制粘贴后的字幕片段，然后在 "文本检查器" 窗口的 "文本" 选项区中，输入新文本 "紫葡萄"，如图7-38所示。

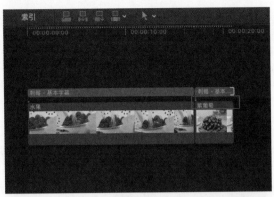

图7-37

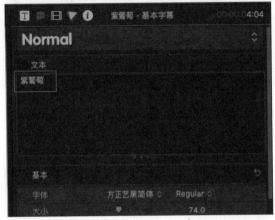

图7-38

11 在"表面"选项区中，单击"颜色"右侧的颜色块，打开"颜色"对话框，选择"橙色"，如图7-39所示。

图7-39

12 上述操作完成后，即可更改复制后字幕的内容和颜色。在"监视器"窗口中，将字幕移至合适的位置，最终效果如图7-40所示。

图7-40

技巧与提示 还可以在选择字幕片段后，按快捷键Command+C进行复制，然后按快捷键Command+V进行粘贴。

7.1.6 整理字幕

当将字幕以连接片段的形式陈列在"磁性时间线"窗口的视频轨道后，在移动视频轨道中片段的同时，与之相连的字幕片段也会同时进行移动，如图7-41所示。

图7-41

为了使字幕片段不影响之后修改或调整项目的过程，可以在框选所有字幕片段后右击，在弹出的快捷菜单中，选择"创建故事情节"命令，如图7-42所示，可以将所有的字幕片段创建为一个次级故事情节。

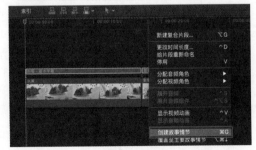

图7-42

技巧与提示

在将字段创建为故事情节后，拖曳故事情节的外框，整体移动字幕片段的位置，可以在不影响字幕片段的情况下修改视频轨道中的片段。此外，在次级故事情节中移动字幕片段，也可以调整字幕片段之间的顺序。

7.1.7　实战——为视频添加特效字幕

在为视频片段添加特效字幕时，可以在"字幕和发生器"窗口的"字幕"列表框中选择预设字幕进行添加与修改，从而快速完成特效字幕的添加。下面介绍为视频添加特效字幕的具体方法。

01 新建一个"事件名称"为"7.1.7"的事件，在新添加事件的"事件浏览器"窗口的空白处右击，在弹出的快捷菜单中，选择"导入媒体"命令，打开"媒体导入"对话框，在"名称"下拉列表框中，选择对应文件夹下的"天空"视频素材，然后单击"导入所选项"按钮，将选择的视频素材导入"事件浏览器"窗口，如图7-43所示。

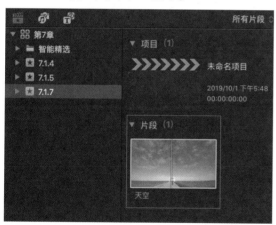

图7-43

02 选择已添加的视频片段，将其添加至"磁性时间线"窗口的视频轨道上，如图7-44所示。

03 在"事件资源库"窗口中，单击"显示或隐藏'字幕和发生器'边栏"按钮，打开"字幕和发生器"窗口，在左侧列表框中选择"字幕"选项，然后在右侧的列表框中，选择"光晕"特效字幕，如图7-45所示。

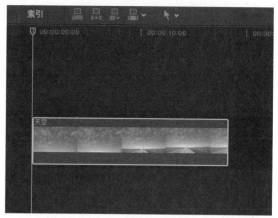

图7-44

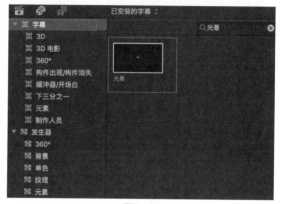

图7-45

04 将选择的"镜头炫光"特效字幕添加至"磁性时间线"窗口的视频轨道中，并调整特效字幕的长度，使其与下方素材片段长度一致，如图7-46所示。

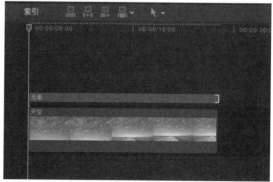

图7-46

05 选择"特效字幕"片段，在"字幕检查器"窗口的"文本"选项区中，输入新文本"蓝天白云"，如图7-47所示。

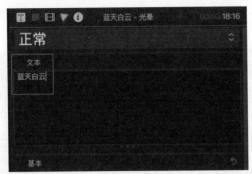

图7-47

06 在"基本"选项区中，设置文本的"Font（字体）"为"方正胖娃简体"，设置"Size（大小）"为172，如图7-48所示。

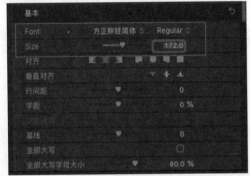

图7-48

07 完成特效字幕的添加后，在"监视器"窗口中将特效字幕移至合适的位置，并预览视频的最终效果，如图7-49所示。

图7-49

7.2 FCPX与Motion的协同工作

在Final Cut Pro X软件中套用了特效字幕后，如果对特效字幕的大小不满意，可以通过Motion软件进行字幕大小的调整。本节就为各位读者详细讲解Final Cut Pro X软件与Motion软件协同处理字幕大小的具体方法。

7.2.1 与Motion协同处理字幕的大小

Motion是一款由行为驱动的运动图形应用软件，可实时为各种广播、视频和电影项目制作令人惊叹的成像效果。在Motion软件中，用户可以进行以下操作。

● 使用超过200个的内建运动和模拟行为中的任意一个在运行中创建复杂的动画。

● 使用接近300个的滤镜中的一个或多个构建复杂视觉效果。

● 使用关键帧和可修改曲线激活传统方法，以创建精确时序效果。

● 创建精良的文本效果，从简单（下三分之一和卷动效果）到复杂（3D字幕、动画效果和序列文本）。

● 创建自定效果、转场、字幕和发生器模板，以用于Final Cut Pro X。也可以修改Final Cut Pro附带的效果、转场、字幕和发生器。

● 导入360°视频并重定方位，然后应用效果，并整合字幕或其他图像，为Final Cut Pro创建无缝衔接的360° Motion项目或360° 模板。

● 在导出到Final Cut Pro X的Motion复合或模板中，使用绑定可将多个参数映射到单个控制。

● 重新定时素材以创建优质的慢速运动或快速运动效果。

● 消除摄像机抖动或创建复杂运动跟踪效果，如匹配移动和边角定位。

● 在2D或3D中创建涉及大量自动动画对象的复杂粒子系统。

● 使用强大的复制器工具构建重复元素的复杂图案，然后在2D或3D空间中激活生成的拼图。

Final Cut Pro X与Motion软件联合使用，可以完成视频的剪辑与包装，还可以在软件内部实现任务的交互操作，从而让视频编辑更加快捷。

在Motion软件中可以轻松处理Final Cut Pro X软件中特效字幕的大小，具体的操作方法是：在"字幕和发生器"窗口中选择需要调整大小的特效字幕，右击打开快捷菜单，选择"在Motion中打开副本"命令，如图7-50所示。打开Motion软件，在软件的"监视器"窗口中选择字幕进行拖曳，即可调整其大小，如图7-51所示。

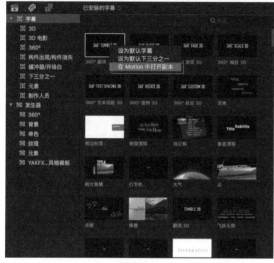

图7-50

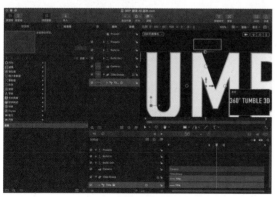

图7-51

7.2.2 实战——调整字幕大小

在Motion软件中打开特效字幕，再按住鼠标左键进行拖曳，可以自由调整特效字幕的显示大小。下面为大家介绍如何在Motion软件中调整字幕的大小。

01 新建一个"事件名称"为"7.2.2"的事件，在"事件浏览器"窗口的空白处右击，在弹出的快捷菜单中，选择"导入媒体"命令，打开"媒体导入"对话框，选择对应文件夹下的"小鸡"视频素材，单击"导入所选项"按钮，将选择的视频片段添加至"事件浏览器"窗口中，如图7-52所示。

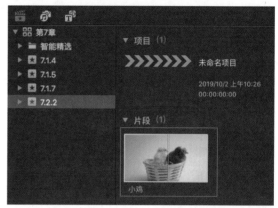

图7-52

02 在"事件浏览器"窗口中，选择"小鸡"视频片段，将其添加至"磁性时间线"窗口的视频轨道上，如图7-53所示。

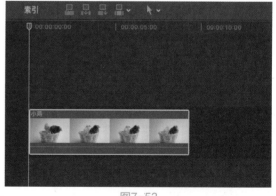

图7-53

03 在"事件资源库"窗口中，单击"显示或隐藏'字幕和发生器'边栏"按钮，打开"字幕和发生器"窗口，在左侧列表框中，选择"字幕"选项，然后在右侧的列表框中，选择"点缀"特效字幕。在选择的特效字幕上右击，打开快捷菜单，选择"在Motion中打开副本"命令，如图7-54所示。

04 打开Motion软件，在"监视器"窗口中的文本上将显示变换控制框，将光标移至变换控制框的右下角位置，当光标呈双向箭头形状时，按住鼠标左键并拖曳，调整字幕的大小，如图7-55所示。

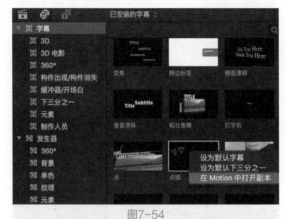

图7-54

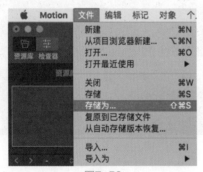

图7-55

05 完成文字大小的调整后，执行"文件"|"存储为"命令，如图7-56所示。

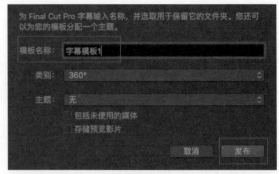

图7-57

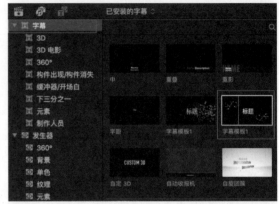

图7-58

08 将选择的字幕添加至"磁性时间线"窗口的视频轨道中，并调整特效字幕的长度，使其与下方素材片段长度一致，如图7-59所示。

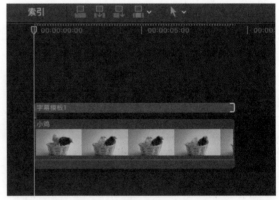

图7-59

09 在"字幕检查器"窗口的"文本"选项区中输入文本"可爱小鸡"，并设置"Font（字体）"字体为"方正少儿简体"，设置"Size（大小）"为113，如图7-60所示。

10 在"监视器"窗口中，将特效字幕移至合适的位置，单击"从播放头位置向前播放-空格键"按钮 ▶，预览字幕效果，如图7-61所示。

图7-56

06 在打开的对话框中，设置"模板名称"为"字幕模板1"，然后单击"发布"按钮，如图7-57所示，完成字幕的发布。

07 在Final Cut Pro X软件的"字幕和发生器"窗口中，在左侧列表框中，选择"字幕"选项，在右侧列表框中，选择"字幕模板1"特效字幕，如图7-58所示。

图7-60

图7-61

7.3 主题与发生器

在Final Cut Pro X软件的"字幕与发生器"窗口中，提供了多种动态素材与视频模板，直接调用已提供的素材，可以方便快捷地进行视频编辑。本节就为各位读者详细讲解Final Cut Pro X软件中主题与发生器的使用方法，包括背景发生器、时间码发生器，以及纹理、展位符的使用。

7.3.1 背景发生器

在"字幕与发生器"窗口的"背景"列表框中，包含了单色背景、木纹或石材等纹理背景，以及含有动画移动效果的动画背景效果。

使用背景发生器的具体方法是：在"字幕和发生器"窗口的左侧列表框中选择"背景"选

项，在右侧的列表框中，选择背景发生器，如图7-62所示，按住鼠标左键进行拖曳，将其添加至"磁性时间线"窗口的视频轨道上即可。背景发生器的应用效果如图7-63所示。

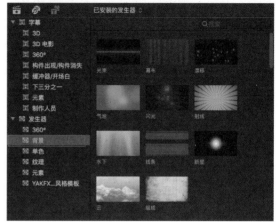

图7-62

图7-63

7.3.2 时间码发生器及纹理

在"字幕和发生器"窗口的"纹理"和"元素"列表框中，包含了各种纹理和时间码发生器效果，用户可以直接在列表框中进行选择使用。

1. 时间码发生器

在很多影视剧粗剪中，会看到一个带有时间码的影片，该时间码会从画面的第一帧持续到画面结束。通过时间码，可以方便各个部门的工作人员对影片进行全面检查，然后根据时间码的汇总意见进行修订。

在Final Cut Pro X中使用时间码发生器的具体方法是：在"字幕和发生器"窗口的左侧列表框中，选择"元素"选项，然后在右侧的列表框中，选择"时间码"发生器，如图7-64所示，按住鼠标左键进行拖曳，将其添加至"磁性时间线"窗口的视频轨道上即可。时间码发生器的应用效果如图7-65所示。

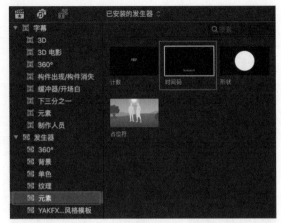

图7-64

图7-65

2. 纹理发生器

使用纹理发生器的具体方法是：在"字幕和发生器"窗口的左侧列表框中，选择"纹理"选项，然后在右侧的列表框中，可以自行选择一种纹理发生器，如图7-66所示，按住鼠标左键进行拖曳，将其添加至"磁性时间线"窗口的视频轨道上即可。

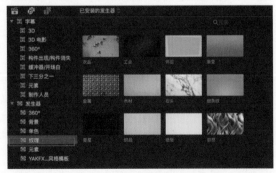

图7-66

7.3.3 使用占位符

生成的占位符适用于要使用视频片段（为最终内容提供了线索）填充项目中空隙的情况。使用占位符片段可以表示各种标准镜头，如特写、组、宽镜头等。

使用占位符的方法很简单，用户只要在"字幕和发生器"窗口的左侧列表框中，选择"元素"选项，再在右侧的列表框中，选择"占位符"发生器，如图7-67所示，按住鼠标左键进行拖曳，将其添加至"磁性时间线"窗口的视频轨道上即可。

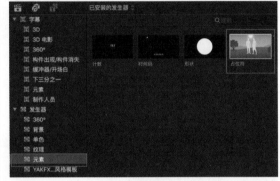

图7-67

7.3.4 实战——制作时间码

在视频片段上添加时间码发生器，可以直接在视频片段上显示视频的时间长度。下面介绍制作时间码的具体方法。

01 新建一个"事件名称"为"7.3.4"的事件，在"事件浏览器"窗口的空白处右击，在弹出的快捷菜单中，选择"导入媒体"命令，打开"媒体导入"对话框，选择对应文件夹下的"虚幻花朵"视频素材，单击"导入所选项"按钮，将选择的视频片段添加至"事件浏览器"窗口，如图7-68所示。

02 在"事件浏览器"窗口中，选择"虚幻花朵"视频片段，将其添加至"磁性时间线"窗口的视频轨道上，如图7-69所示。

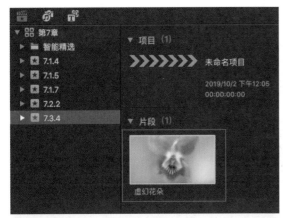

图7-68

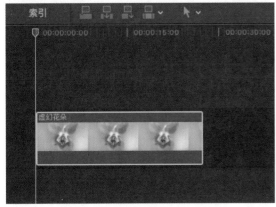

图7-69

03 在"字幕和发生器"窗口中，在左侧列表框中，选择"发生器"|"元素"选项，然后在右侧的列表框中，选择"时间码"发生器，如图7-70所示。

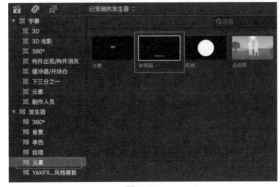

图7-70

04 将选择的"时间码"发生器添加至"磁性时间线"窗口的视频片段的上方，然后调整新添加时间码片段的时间长度，如图7-71所示。

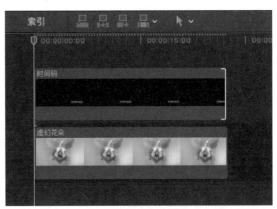

图7-71

05 选择时间码发生器片段，在"发生器检查器"窗口中，单击"Background Color（背景颜色）"右侧的颜色块，如图7-72所示。

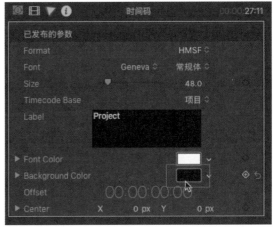

图7-72

06 打开"颜色"对话框，单击"吸取颜色"按钮 ，当鼠标指针呈圆形吸管形状时，在合适的颜色上，单击鼠标左键，吸取颜色，如图7-73所示。

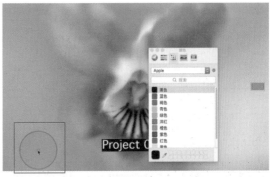

图7-73

07 完成时间码片段背景颜色的更改，在"监视器"窗口中，将时间码移至合适的位置，单击"从播放头位置向前播放-空格键"按钮▶️，预览时间码效果，如图7-74所示。

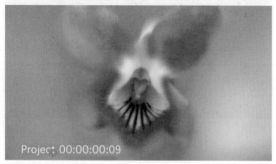

图7-74

7.4 综合实战——制作"向日葵"视频中的字幕和时间码

本节将通过实例来练习字幕与时间码发生器的添加操作。在添加字幕时，将通过"文本检查器"窗口来完成字幕格式的修改。

01 新建一个"事件名称"为"7.4"的事件，然后在新添加事件的"事件浏览器"窗口的空白处右击，在弹出的快捷菜单中，选择"导入媒体"命令，打开"媒体导入"对话框，选择对应文件夹下的"向日葵"视频素材，然后单击"导入所选项"按钮，将选择的视频素材导入"事件浏览器"窗口，如图7-75所示。

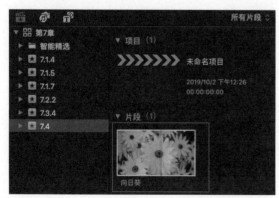

图7-75

02 在"事件浏览器"窗口中选择新添加的"向日葵"视频片段，将其添加至"磁性时间线"窗口的视频轨道上，如图7-76所示。

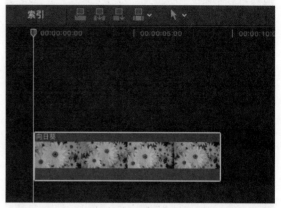

图7-76

03 在"事件资源库"窗口中，单击"显示或隐藏'字幕和发生器'边栏"按钮🔳，打开"字幕和发生器"窗口，在左侧列表框中，选择"字幕"选项，然后在右侧列表框中，选择"小精灵粉末"特效字幕，如图7-77所示。

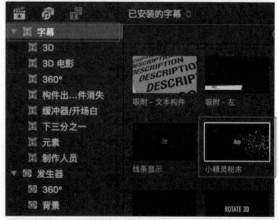

图7-77

04 将选择的"小精灵粉末"特效字幕添加至时间线的次要故事情节上，然后调整新添加字幕片段的时间长度，如图7-78所示。

05 在"字幕检查器"窗口的"文本"选项区中输入文本"向日葵"，并设置"Font（字体）"字体为"方正行楷简体"，设置"Size（大小）"为203，如图7-79所示。

06 完成字幕内容的调整，在"监视器"窗口中，将特效字幕移至合适的位置，如图7-80所示。

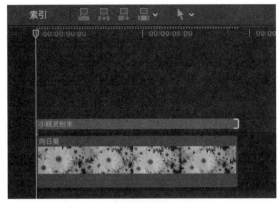

图7-78

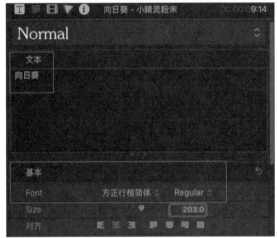

图7-79

图7-80

07 在"字幕和发生器"窗口中，在左侧列表框中，选择"发生器"|"元素"选项，然后在右侧列表框中，选择"时间码"发生器，如图7-81所示。

08 将选择的"时间码"发生器添加至"磁性时间线"窗口的字幕片段的上方，然后调整新添加时间码片段的时间长度，如图7-82所示。

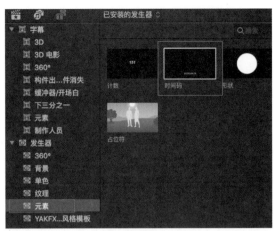

图7-81

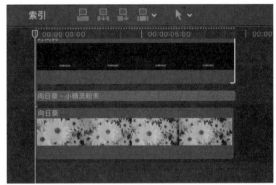

图7-82

09 选择时间码片段，在"发生器检查器"窗口中，修改"Label（标签）"为"时间"，修改"Font Color（字体颜色）"为红色，设置"Background Color（背景颜色）"为黄色，如图7-83所示。

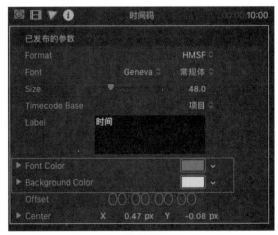

图7-83

10 在"监视器"窗口中，将时间码移至合适的位置，单击"从播放头位置向前播放-空格键"按钮▶，预览时间码效果，如图7-84所示。

图7-84

7.5 本章小结

在熟练掌握了字幕与发生器的使用后，可以快速地在视频画面中添加丰富的字幕效果。在学习了与字幕编辑相关的知识和操作后，我们可以在之后的视频编辑工作中，为画面添加文字信息说明、特殊字幕，和形状、背景等特殊效果，从而为影片增添新的元素，为观众带来良好的视觉体验。

为影片添加音频，是视频编辑处理中不可获取的一个环节。通过添加音频效果，可以将影片画面与背景音乐完美地结合起来，从而增加影片的质感与真实感，将观众更好地带入故事情节中。本章将为各位读者详细讲解音频的调整与修剪方法，具体内容包括音频的控制、在检查器中查看与控制音量、修剪音频片段和音频效果的使用等。

本章重点

- 调整音量大小
- 在检查器中查看与控制音量
- 使用音频效果
- 创建音频渐变和过渡效果
- 修剪音频片段

本章效果欣赏

8.1　音频的控制

本节将为各位读者介绍Final Cut Pro X软件中音频的控制方法，具体包括在时间线中查看和控制音量、调整音频音量等操作。

8.1.1 认识音频指示器

音频指示器用于显示音频片段的音量，并在特定片段或部分片段达到峰值电平时（可能会导致音频失真）向用户发出警告。

在使用音频指示器查看音量之前，需要先打开"音频指示器"窗口，打开方法是：执行"窗口"|"在工作区中显示"|"音频指示器"命令，如图8-1所示，即可打开"音频指示器"窗口。当在播放音频素材时，窗口中会显示绿色的跳动块，如图8-2所示。

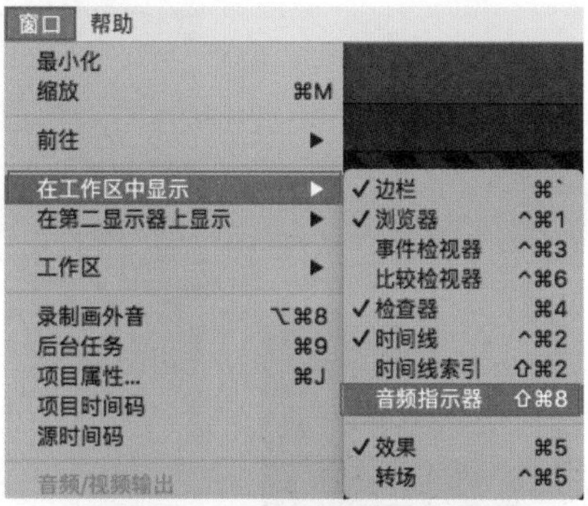

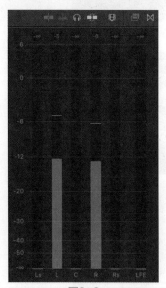

图8-1

图8-2

音频指示器中包含L和R两个音频通道，左侧的数字显示音量的高低，单位为分贝，用dB表示。在播放标准中应该控制片段音量在0dB以下。在播放音频素材时，绿色跳动块表示当前播放片段的音量。绿色块上方有一条跟随一起跳动的横线，该横线为"峰值标线"，表示这个段落最高

峰时电平所处的位置。

音频片段在播放期间达到峰值电平时，电平颜色将从绿色变为黄色。当音频片段超过峰值电平时，电平颜色从黄色变为红色，且相应音频通道或通道的峰值指示器也会变为红色，如图8-3所示。

图8-3

> **技巧与提示**　音频指示器的主要功能是提供项目的总体混合输出音量。播放音频素材时，音频指示器中的通道会发生与音量大小相对应的动态变化。

8.1.2 在时间线中查看与控制音量

在"磁性时间线"窗口的视频轨道中添加音频素材后，在音频片段中会显示一条灰色的水平线，即"音量控制线"。将光标悬置在控制线上时，光标会变为上下的双箭头形状，按住鼠标左键并上下拖曳音量控制线，可以调高或降低当前片段的音量，如图8-4所示。

图8-4

8.1.3　实战——整体调整音频音量

向上或向下拖曳音频片段的灰色水平线，可以整体调整音频音量的大小。下面为大家介绍如何整体调整音频的音量。

01 新建一个名称为"第8章"的资源库。然后在"事件资源库"窗口中新建一个"事件名称"为"8.1.3"的事件。

02 在"事件浏览器"窗口的空白处右击，在弹出的快捷菜单中，选择"导入媒体"命令，打开"媒体导入"对话框，在"名称"下拉列表框中，选择对应文件夹下的"小蜗牛"视频素材和"音乐1"音频素材，单击"导入所选项"按钮，将选择媒体素材导入"事件浏览器"窗口，如图8-5所示。

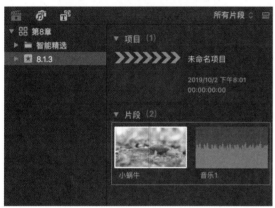

图8-5

03 选择"小蜗牛"视频片段和"音乐1"音频片段，依次添加至"磁性时间线"窗口的视频轨道上，如图8-6所示。

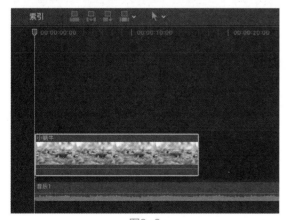

图8-6

04 选择音频片段，然后执行"修改"|"更改时间长度"命令，如图8-7所示。

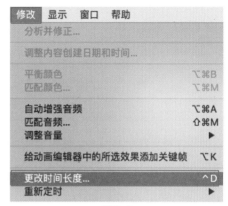

图8-7

05 在弹出的"时间码"对话框中输入时间长度17秒2帧，完成音频片段时间长度的更改，如图8-8所示。

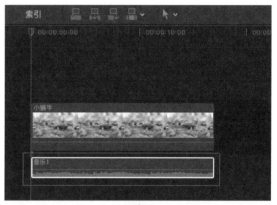

图8-8

06 将光标悬置在控制线上，此时光标会变为上下双箭头形状，按住鼠标左键并向上拖曳，即可整体调高音频的音量，如图8-9所示。

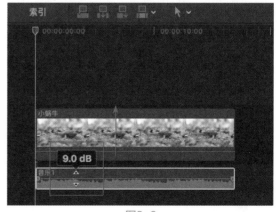

图8-9

在拖曳音量控制线时，最大值为 12dB，意为在原音量的基础上增加 12dB；而最小值为负无穷，调至最小值时，音频将被静音。

8.1.4 实战——调整特定区域内音量

在调整音频片段中某一个区域内的音量时，可以通过"范围选择"工具设定区域范围来进行设置。下面为大家介绍调整特定区域内音量的具体操作方法。

01 新建一个"事件名称"为"8.1.4"的事件，在新添加事件的"事件浏览器"窗口的空白处右击，在弹出的快捷菜单中，选择"导入媒体"命令，打开"媒体导入"对话框，在"名称"下拉列表框中，选择对应文件夹下的"漏斗沙粒"视频素材和"音乐2"音频素材，然后单击"导入所选项"按钮，将选择的媒体素材全部导入"事件浏览器"窗口，如图8-10所示。

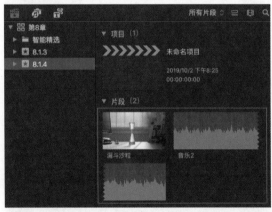

图8-10

02 选择"漏斗沙粒"视频片段和"音乐2"音频片段，依次添加至"磁性时间线"窗口的视频轨道上，并将音频片段的时间长度调整至与视频片段的时间长度一致，如图8-11所示。

03 在工具栏中，单击"选择"工具三角按钮，展开列表框，选择"范围选择"工具，如图8-12所示。

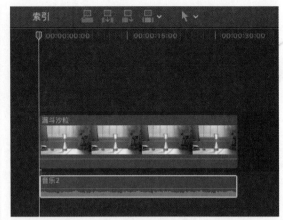

图8-11

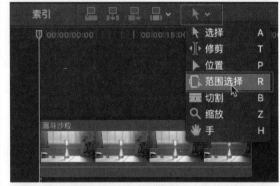

图8-12

04 将光标移至音频片段上，当指针呈 形状时，按住鼠标左键并拖曳，框选视频片段上需要调整的部分，如图8-13所示。

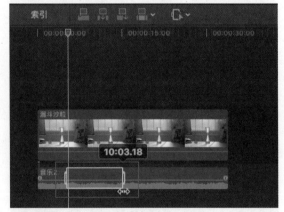

图8-13

05 执行两次"修改" | "调整音量" | "调高（+1dB）"命令，如图8-14所示。

06 上述操作完成后，即可将范围内音频片段的音量调大，如图8-15所示。

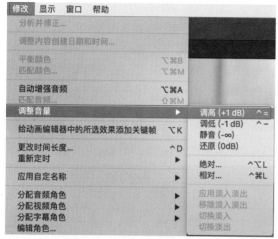

图8-14

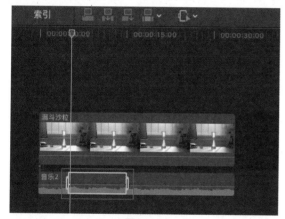

图8-15

8.1.5　实战——利用关键帧调整音量

通过手动创建关键帧的形式，可以对某一区域中的音频音量进行调整。下面为大家介绍利用关键帧调整音量的具体操作方法。

01　新建一个"事件名称"为"8.1.5"的事件，在新添加事件的"事件浏览器"窗口的空白处右击，在弹出的快捷菜单中，选择"导入媒体"命令，打开"媒体导入"对话框，在"名称"下拉列表框中，选择对应文件夹下的"闪亮星星"视频素材和"音乐3"音频素材，然后单击"导入所选项"按钮，将选择的媒体素材导入"事件浏览器"窗口，如图8-16所示。

02　选择"闪亮星星"视频片段和"音乐3"音频片段，依次添加至"磁性时间线"窗口的视频轨道上，并将音频片段的时间长度调整至与视

频片段的时间长度一致，如图8-17所示。

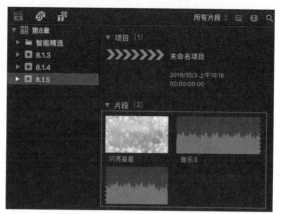

图8-16

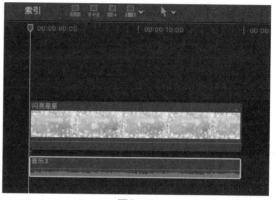

图8-17

03　按住Option键的同时，将光标悬停在音频控制线上的相应位置，此时光标下方将出现一个带有形状的标志，如图8-18所示。

图8-18

04　单击鼠标左键，即可在音频控制线上添加一个关键帧。使用同样的方法，在其他的音频控制线上依次添加多个关键帧，如图8-19所示。

图8-19

05 在添加关键帧后，按住鼠标左键上下拖曳关键帧之间的音频控制线，可以调整音量的大小，如图8-20所示。

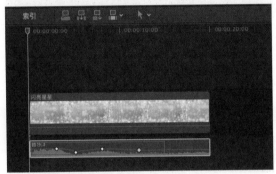

图8-20

技巧与提示

选择创建的关键帧，按住鼠标左键进行左右拖曳可以调整它的时间位置。按快捷键Option+↑可以提高关键帧所在位置的音量；按快捷键Option+↓可以降低关键帧所在位置的音量。

8.1.6 音频渐变

声音一般分为4个阶段，分别是：一开始时，由无声到最大音量的上升阶段；声音开始降低的衰退阶段；声音延续的保持阶段；声音逐渐消失的释放阶段。这4个阶段在音波中显示为一个连贯的过程，但在编辑过程中，由于对片段进行了整理与分割，声音会在开始和结束位置被突兀地截断。针对这一情况，可以通过在音频片段的开始和结束位置添加音频渐变效果，来美化两个音频片段之间生硬

的连接。在单个音频片段的开始和结尾添加渐变效果，可以使声音产生淡入淡出的效果。

为音频添加渐变效果的方法很简单，将光标悬停在音频片段的滑块上，待光标变成左右箭头的形状后，按住鼠标左键并向右拖曳滑块，上方的时间码会显示当前调整的帧数。与音频起点位置的距离越长，创建的渐变长度也就越长，音频的变化就越柔和，如图8-21所示。

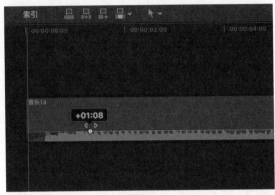

图8-21

在滑块上右击，或在按住Control键的同时单击滑块，在打开的快捷菜单中可以对渐变效果的类型进行切换，如图8-22所示。

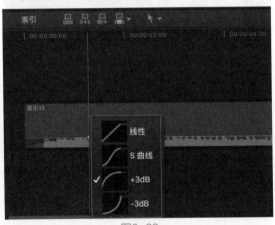

图8-22

在"渐变效果"列表框中，各主要选项的含义如下。

● **线性**：使用该渐变过渡效果后，渐变过渡效果为具有上升或下降趋势的直线，渐变的过程是均匀的。

● **S曲线**：使用该渐变过渡效果后，音频将产生渐入渐出的声音效果，是一款适用于音频在开始渐显与结果渐隐的效果。

- +3dB：该选项是默认的渐变过渡效果，也称为快速渐变，主要适用于片段之间的渐变过渡，可以使编辑点上的音频过渡更加自然。

- -3dB：该渐变过渡效果也称为慢速渐变，通过制造声音慢慢消退的效果，来掩盖片段中明显的杂音。

8.1.7 实战——创建片段间的音频渐变效果

在音频片段的开始和结束位置添加音频渐变效果，可以让音频连贯播放。下面为大家介绍创建片段间音频渐变效果的具体方法。

01 新建一个"事件名称"为"8.1.7"的事件，在新添加事件的"事件浏览器"窗口的空白处右击，在弹出的快捷菜单中，选择"导入媒体"命令，打开"媒体导入"对话框，在"名称"下拉列表框中，选择对应文件夹下的"蔬菜水果"视频素材和"音乐4"音频素材，然后单击"导入所选项"按钮，将选择的媒体素材导入"事件浏览器"窗口，如图8-23所示。

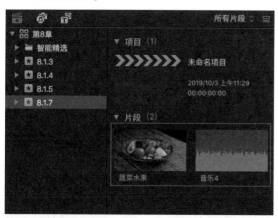

图8-23

02 选择"蔬菜水果"视频片段和"音乐4"音频片段，依次添加至"磁性时间线"窗口的视频轨道上，并将音频片段的时间长度调整至与视频片段的时间长度一致，如图8-24所示。

03 将光标悬停在左侧音频片段的左侧滑块上，待光标变为左右箭头的形状后，按住鼠标左键并向右拖曳滑块，添加音频渐变效果，如图8-25所示。

图8-24

图8-25

04 将鼠标悬停在右侧音频片段的右侧滑块上，待光标变为左右箭头的形状后，按住鼠标左键并向左拖曳滑块，添加音频渐变效果，如图8-26所示。

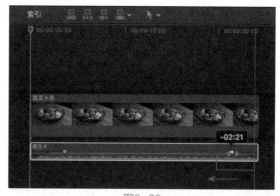

图8-26

05 完成音频的渐变处理后，在"监视器"窗口中，单击"从播放头位置向前播放-空格键"按钮 ▶，即可试听音乐渐变效果，视频画面效果如图8-27所示。

图8-27

8.1.8 音频片段间的交叉叠化

在音频片段之间还可以添加"交叉叠化"转场，通过该过渡转场可以有效地弱化音频连接点之间的差别。具体的操作方法是：单击音频片段之间的编辑点，如图8-28所示，执行"编辑"|"添加交叉叠化"命令，或按快捷键Commmand+T，将在两个音频之间添加一个"交叉叠化"转场效果，并自动将片段创建成次级故事情节，如图8-29所示。

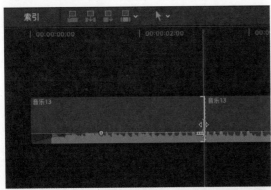

图8-28

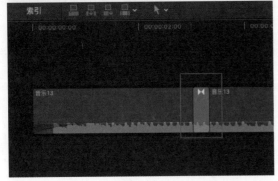

图8-29

在添加了"交叉叠化"转场效果后，可以在"转场检查器"窗口中，对音频的"淡入类型"和"淡出类型"等属性进行设置，如图8-30所示。

图8-30

8.1.9 实战——音频的过渡处理

为了使音频具备更好的视听效果，可以先分割音频素材，然后在两个音频片段之间添加过渡效果。下面为大家介绍音频过渡处理的具体方法。

01 新建一个"事件名称"为"8.1.9"的事件，在新添加事件的"事件浏览器"窗口的空白处右击，在弹出的快捷菜单中，选择"导入媒体"命令，打开"媒体导入"对话框，在"名称"下拉列表框中，选择对应文件夹下的"沙滩与海"视频素材和"音乐5"音频素材，然后单击"导入所选项"按钮，将选择的媒体素材导入"事件浏览器"窗口，如图8-31所示。

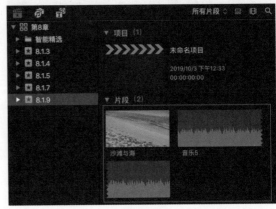

图8-31

02 选择"沙滩与海"视频素材和"音乐5"音频片段，依次添加至"磁性时间线"窗口的视频轨道上，并将音频片段的时间长度调整至与视频片段的时间长度一致，如图8-32所示。

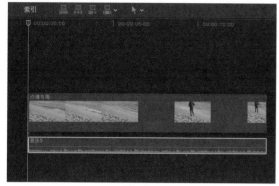

图8-32

03 将时间线移至00:00:06:21的位置，在工具栏中，单击"选择"工具三角按钮，展开列表框，选择"切割"工具，如图8-33所示。

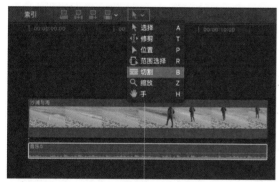

图8-33

04 当鼠标指针呈 形状时，在时间线位置，单击鼠标左键，即可将音频片段分割成两段，如图8-34所示。

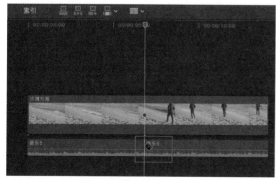

图8-34

05 单击音频片段之间的编辑点，然后执行"编辑"|"添加交叉叠化"命令，如图8-35所示。

图8-35

06 上述操作完成后，即可在两个音频片段中间添加"交叉叠化"转场效果，如图8-36所示，在"监视器"窗口中，单击"从播放头位置向前播放-空格键"按钮，即可试听音乐效果。

图8-36

8.2 在检查器中查看与控制音量

除了可以在"磁性时间线"窗口对音频进行查看与调整外，还可以在"音频检查器"窗口中对选择的音频进行调整。本节就为各位读者详细讲解在Final Cut Pro X软件的"音频检查器"窗口中查看与控制音量的具体方法。

8.2.1 在检查器中调整音量

在视频轨道上选择音频片段，然后按快捷键Command+4，打开"音频检查器"窗口，如图8-37所示。

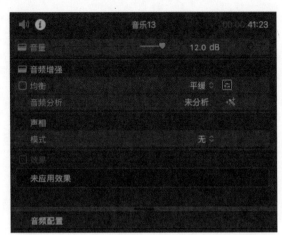

图8-37

在"音频检查器"窗口的"音量"选项区中，拖曳该选项区中的滑块，可以修改当前音频片段的音量。在调整音频片段的音量时，还可以直接单击"音量"选项右侧的音量值，当数字被激活为蓝色后，输入准确数值后，按Enter键进行确认，如图8-38所示。

图8-38

在调整音频的音量时，单击"音量"选项右侧的"关键帧"按钮 ⬦，可以在所选音频片段上添加关键帧控制音量的变化。

8.2.2 实战——设置音频均衡效果

在Motion软件中打开特效字幕，再按住鼠标左键进行拖曳，可以自由调整特效字幕的显示大小。下面介绍在Motion软件中调整字幕大小的具体方法。

01 新建一个"事件名称"为"8.2.2"的事件，在"事件浏览器"窗口的空白处右击，在弹出的快捷菜单中，选择"导入媒体"命令，打开"媒体导入"对话框，选择对应文件夹

下的"辣椒"视频素材和"音乐6"音频素材，单击"导入所选项"按钮，将选择的媒体素材添加至"事件浏览器"窗口中，如图8-39所示。

图8-39

02 选择"辣椒"视频素材和"音乐6"音频素材，依次添加至"磁性时间线"窗口的视频轨道上，并将音频片段的时间长度调整至与视频片段的时间长度一致，如图8-40所示。

图8-40

03 在"音频检查器"窗口的"音频增强"选项区中，勾选"均衡"复选框，单击"平缓"下三角按钮，展开列表框，选择"低音增强"选项，如图8-41所示。

04 单击"显示高级均衡器"按钮 🔳，打开"图形均衡器"对话框，选择均衡器中各个频段上的滑块，按住鼠标左键上下拖曳，可以对声音效果进行自定义调整，如图8-42所示，完成音频均衡的设置。

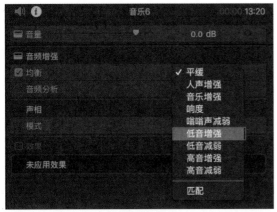

图8-41

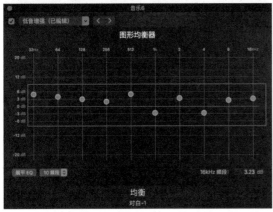

图8-42

8.2.3 利用检查器手动修正音频

在"音频检查器"窗口中可以对选择的音频
片段进行分析与修改操作。其分析方法很简单,
单击"音频分析"选项右侧的"音频增强"按钮
■,会自动对所选音频进行分析,分析完成后,
在"音频增强"按钮前会出现一个带有"√"的
绿色圆形标志,表示该音频片段的分析已完成。
单击右侧的"显示"按钮,将打开音频分析选
项,如图8-43所示。在"音频分析"选项区中,
会对音频片段的响度、噪声及嗡嗡声进行分析,
没有问题的选项后方会显示带有"√"的绿色圆
形标志。

图8-43

在"音频分析"选项区中带有"!"的黄色
三角形标志表示当前音频片段中存在问题,需要
进行修正处理。修正音频的方法有以下几种。

● 执行"修改"|"自动增强音频"命令,如图8-44
所示。

● 在"监视器"窗口中,单击"选区颜色校正
和音频增强"右侧的下三角按钮■,展开列
表框,选择"自动增强音频"选项,如图8-45
所示。

● 按快捷键Option+Command+A。

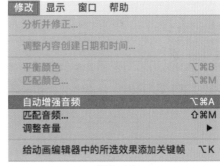

图8-44

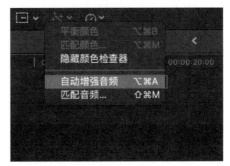

图8-45

8.2.4 声相及通道

声相模式类似于一种能够控制声音信号在音频通道中输出位置的设置。通过声相模式可以快速地改变声音的定位，营造出一种立体的空间感，让画面与声音能够更好地融合在一起。

在"音频检查器"窗口中，单击"声相"选项区中"模式"右侧的下三角按钮，展开列表框，在该列表框中提供了多种关于立体声与环绕声的效果预设，选择不同的预设选项，可以得到不同的声相模式，如图8-46所示。

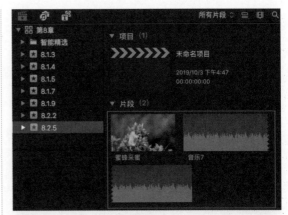

图8-47

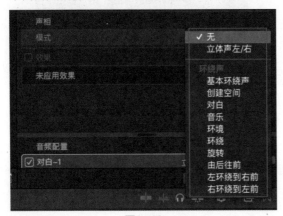

图8-46

8.2.5 实战——设置立体声模式

设置立体声模式可以制作出立体空间感的声音效果。下面为大家介绍设置立体声模式的具体方法。

01 新建一个"事件名称"为"8.2.5"的事件，在"事件浏览器"窗口的空白处右击，在弹出的快捷菜单中，选择"导入媒体"命令，打开"媒体导入"对话框，选择对应文件夹下的"蜜蜂采蜜"视频和"音乐7"音频，单击"导入所选项"按钮，将选择的媒体素材添加至"事件浏览器"窗口中，如图8-47所示。

02 选择"蜜蜂采蜜"视频素材和"音乐7"音频素材，依次添加至"磁性时间线"窗口的视频轨道上，并将音频片段的时间长度调整至与视频片段的时间长度一致，如图8-48所示。

图8-48

03 选择音频片段，在"音频检查器"窗口中的"声相"选项区中，单击"模式"右侧的三角按钮，展开列表框，选择"立体声左/右"选项，如图8-49所示。

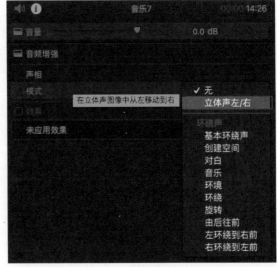

图8-49

04 将时间线移至00:00:02:01的位置，在"音频检查器"窗口的"声相"选项区中，修改"数量"为100，然后单击"添加关键帧"按钮◈，添加一个关键帧，如图8-50所示。

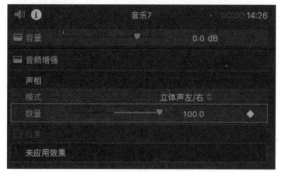

图8-50

05 将时间线移至00:00:09:00的位置，在"音频检查器"窗口的"声相"选项区中，修改"数量"为-100，然后单击"添加关键帧"按钮◈，添加一个关键帧，如图8-51所示。

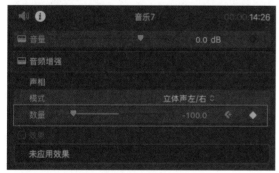

图8-51

06 将时间线移至00:00:13:14的位置，在"音频检查器"窗口的"声相"选项区中，修改"数量"为57.0，然后单击"添加关键帧"按钮◈，添加一个关键帧，如图8-52所示。

图8-52

07 完成音频片段立体声效果的制作后，在"监视器"窗口中，单击"从播放头位置向前播放-空格键"按钮▶，即可试听立体声音乐效果，视频画面效果如图8-53所示。

图8-53

8.2.6 实战——设置环绕声模式

在应用了环绕声模式后，音频指示器的音频通道会从原来的两个扩展为6个，分别为：左环绕（Ls）、左（L）、中（C）、右（R）、右环绕（Rs）、低音（LEF）通道。下面为大家介绍设置环绕声模式的具体方法。

01 新建一个"事件名称"为"8.2.6"的事件，在"事件浏览器"窗口的空白处右击，在弹出的快捷菜单中，选择"导入媒体"命令，打开"媒体导入"对话框，选择对应文件夹下的"美丽小鸟"视频和"音乐8"音频，单击"导入所选项"按钮，将选择的媒体素材添加至"事件浏览器"窗口中，如图8-54所示。

02 选择"美丽小鸟"视频素材和"音乐8"音频素材，依次添加至"磁性时间线"窗口的视频轨道上，并将音频片段的时间长度调整至与视频片段的时间长度一致，如图8-55所示。

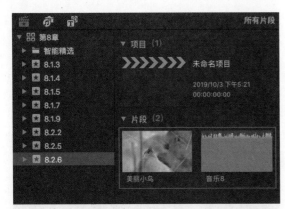

图8-54

图8-55

03 选择音频片段，在"音频检查器"窗口中的"声相"选项区中，单击"模式"右侧的三角按钮 ，展开列表框，选择"基本环绕声"选项，如图8-56所示。

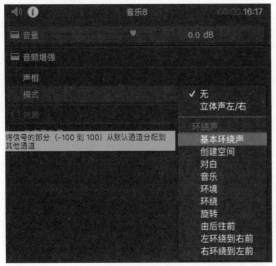

图8-56

04 在"声相"选项区的声相器中，拖曳声相器中心的圆形滑块，调整各个音频通道的声音，如图8-57所示，完成环绕声的制作。

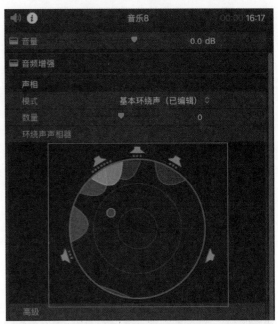

图8-57

05 在"监视器"窗口中，单击"从播放头位置向前播放-空格键"按钮 ，即可试听环绕声音乐效果，视频画面效果如图8-58所示。

图8-58

8.2.7 管理音频通道

当音频片段拥有两个及以上的音频通道时，利用"音频检查器"窗口中的"音频配置"选项，可以对多个声道进行控制，有选择性地进行激活与屏蔽。

在"音频检查器"窗口的"音频配置"选项区中，单击"立体声"右侧的三角按钮，展开列表框，选择合适的声道，如图8-59所示，即可更改音频的声道。如果需要屏蔽音频声道，则可以在音频通道前取消勾选复选框，如图8-60所示，完成声道的屏蔽操作。

图8-59

图8-60

8.3　修剪音频片段

在编辑音频片段时，不仅可以控制音频片段的音量，还可以对音频片段进行修剪操作。本节就为各位读者详细讲解在Final Cut Pro X软件中对音频片段进行修剪的方法。

8.3.1　音频片段的剪辑处理

在Final Cut Pro X软件中，剪辑音频片段的方法与剪辑视频片段的方法类似。将光标移至视频片段的末尾，当鼠标指针呈状态时，按住鼠标左键并向左拖曳，即可剪辑音频片段，如图8-61所示。

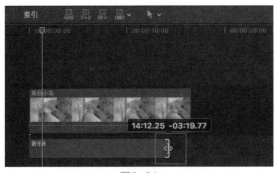

图8-61

8.3.2　音频采样频率的设置

音频的采样率是指录音设备在一秒钟内对声音信号的采样次数，采样频率越高，声音的还原度就越高，声音也会更加真实和自然。常用的采样频率一般分为11025Hz、22050Hz、24000Hz、44100Hz和48000Hz这5个等级，不同的等级有不同的声音品质。如11025Hz能达到AM调幅广播级别的声音品质；22050Hz和24000Hz能达到FM调频广播级别的声音品质；44100Hz则是理论上的CD音质界限；而48000Hz相较于其他等级会更加精确一些。

在"信息检查器"窗口中可以查看到"音频采样速率"参数，如图8-62所示。如果需要更改音频采样速率，可以执行"窗口"|"项目属性"命令，然后在"信息检查器"窗口中，单击"修改"按钮，打开"项目设置"对话框，在"采样率"列表框中选择采样率选项即可，如图8-63所示。

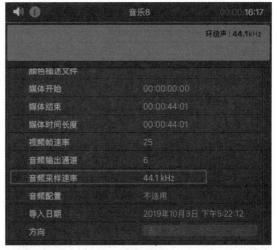

图8-62

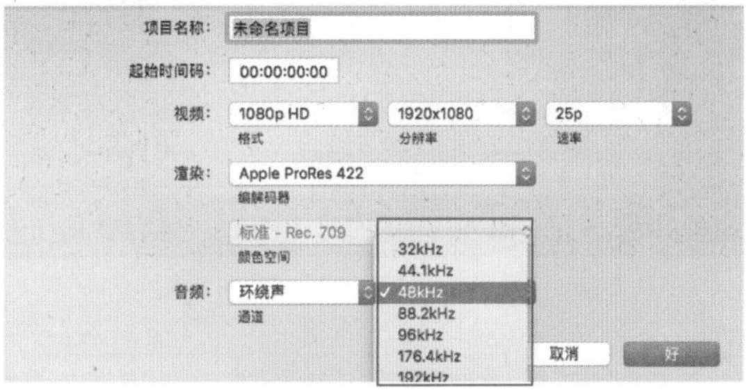

图8-63

8.3.3 实战——调节音频素材采样频率

在添加音频素材后，可以直接在"采样率"列表框中选择采样率选项进行设置调节。下面为大家介绍调节音频素材采样频率的具体方法。

01 新建一个"事件名称"为"8.3.3"的事件，在"事件浏览器"窗口的空白处右击，在弹出的快捷菜单中，选择"导入媒体"命令，打开"媒体导入"对话框，选择对应文件夹下的"树林"视频和"音乐9"音频，单击"导入所选项"按钮，将选择的视频片段添加至"事件浏览器"窗口中，如图8-64所示。

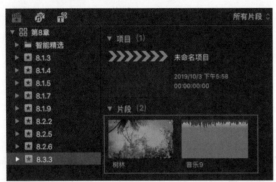

图8-64

02 选择"树林"视频素材和"音乐9"音频素材，依次添加至"磁性时间线"窗口的视频轨道上，并将音频片段的时间长度调整至与视频片段的时间长度一致，如图8-65所示。

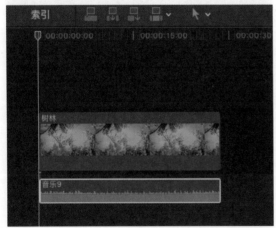

图8-65

03 选择音频片段，执行"窗口"|"项目属性"命令，然后在"信息检查器"窗口中，单击"修改"按钮，如图8-66所示。

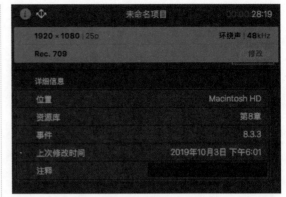

图8-66

04 打开"项目设置"对话框，在"采样速率"列表框中选择"96kHz"选项，单击"好"按钮，如图8-67所示，即可重新调节音频的采样速率。

图8-67

8.4 音频效果的使用

在Final Cut Pro X软件的"效果浏览器"窗口中，不仅提供了视频滤镜效果，还提供了音频滤镜效果。将音频滤镜效果添加至音频片段上，可以为音频实现降噪、低音等效果。本节就为各位读者详细讲解Final Cut Pro X软件中音频效果的使用方法。

8.4.1 添加音频效果

添加音频滤镜的方法与之前讲解的添加视频滤镜的方法相似，用户只需在"效果浏览器"窗口的左侧列表框中，选择"音频"和"全部"选项，然后在右侧的列表框中，单击选择音频滤镜，如图8-68所示，在选择某一音频滤镜后，将其拖曳至"磁性时间线"窗口中音频轨道上的音频片段上，光标下方会出现一个带"+"号的绿色圆形标志，并且所选择的音频片段会呈高亮状态，释放鼠标左键，即可完成音频滤镜的添加，如图8-69所示。

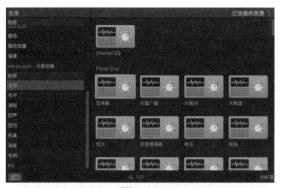

图8-68

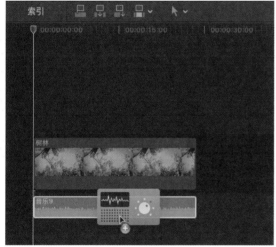

图8-69

8.4.2 常用音频效果介绍

常见的音频效果有电平、回声、空间和失真等，下面将对这些常用的音频效果进行讲解。

1. 电平音频效果

电平效果可以控制音频的感知响度，将焦点和入出点添加到片段中，并优化声音，以在不同情况下进行播放。在"效果浏览器"窗口下的"电平"列表框中，包含了众多电平音频效果，在"电平"音频效果列表框中，常用的音频效果有Adaptive Limiter、Compressor、Enveloper、Expander等，如图8-70所示。

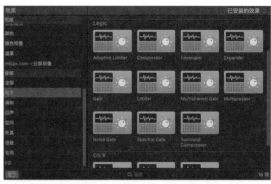

图8-70

2. 调制音频效果

调制音频效果用于给声音增添动感和深度。调制效果通常会使传入的信号延迟几毫秒，并使用低频振荡器（LFO）调制延迟的信号（低频振荡器可用于调制某些效果中的延迟时间）。在"效果浏览器"窗口下的"调制"列表框中，包含众多调制音频效果，如图8-71所示。

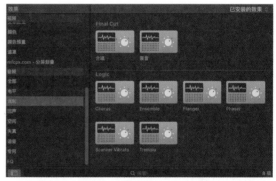

图8-71

3. 回声音频效果

回声音频效果可以存储输入信号，并在推迟一段时间后，继续保持延迟信号，从而创建重复的回声效果或延迟。在"效果浏览器"窗口的"回声"列表框中，包含众多回声音频效果，如图8-72所示。

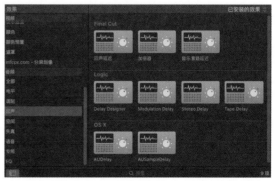

图8-72

4. 空间音频效果

空间音频效果可用来模拟多种原声环境的声音，例如房间、音乐厅、洞窟或空旷场所的声音。在"效果浏览器"窗口下的"空间"列表框中，包含众多空间音频效果，如图8-73所示。

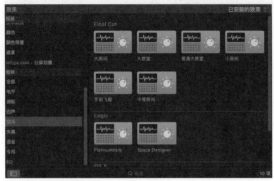

图8-73

5. 失真音频效果

使用失真音频效果可以重新创建模拟或数码失真的声音，还可以从根本上转换音频。失真效果一般用于模拟由电子管、晶体管或数码电路产生的失真效果。在"效果浏览器"窗口的"失真"列表框中，包含众多失真音频效果，如图8-74所示。

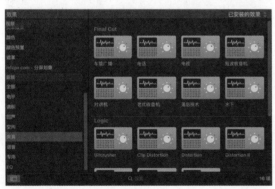

图8-74

6. 语音音频效果

使用语音音频效果可以校正声乐的音高或改善音频信号，还可以用于创建同音或轻微加重的声部，甚至可以用于创建和声。在"效果浏览器"窗口的"语音"列表框中，包含众多语音音频效果，如图8-75所示。

7. 专用音频效果

专用音频效果用于完成制作音频时碰到的任务，例如，Denoiser（降噪器）会消除或降低低于某个临界值音量的噪声；Exciter（激励器）通过生成人工高频组件来给录音添加生命力；SubBass（最低音栓）可生成源于传入信号的人工低音信号。在"效果浏览器"窗口的"专用"列表框中，包含众多专用音频效果，如图8-76所示。

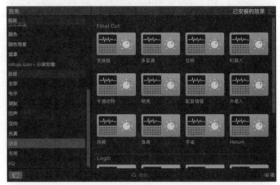

图8-75

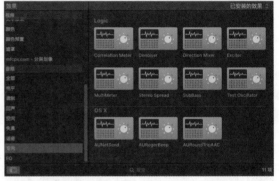

图8-76

8. EQ音频效果

EQ是最常见的音频效果器，它可以调整音频片段中不同频率的电平，从而控制某一频率电平的大小，这样的操作可以改善音频的声音品质，规避某些频率上的噪声。在"效果浏览器"窗口的"EQ"列表框中，包含众多EQ音频效果，如图8-77所示。

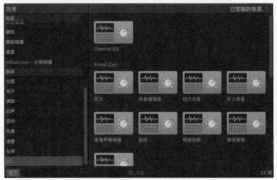

图8-77

8.4.3 实战——使用EQ跳接片段音频

在音频片段上添加EQ音频滤镜，可以制作出音频跳跃效果。下面为大家介绍使用EQ跳接片段音频的具体操作方法。

01 新建一个"事件名称"为"8.4.3"的事件，在"事件浏览器"窗口的空白处右击，在弹出的快捷菜单中，选择"导入媒体"命令，打开"媒体导入"对话框，选择对应文件夹下的"曲奇饼干"视频和"音乐10"音频，单击"导入所选项"按钮，将选择的媒体素材添加至"事件浏览器"窗口中，如图8-78所示。

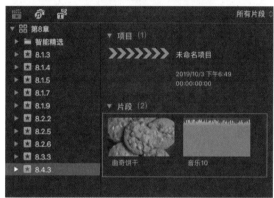

图8-78

02 选择"曲奇饼干"视频素材和"音乐10"音频素材，依次添加至"磁性时间线"窗口的视频轨道上，并将音频片段的时间长度调整至与视频片段的时间长度一致，如图8-79所示。

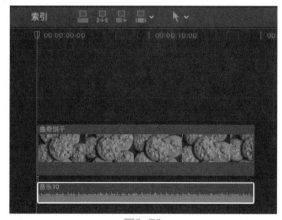

图8-79

03 在"效果浏览器"窗口的左侧列表框中，选择"EQ"选项，在右侧列表框中，选择"Fat EQ"音频效果，如图8-80所示。

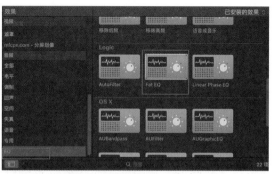

图8-80

04 将选择的音频效果添加至音频片段上，然后在"音频检查器"窗口的"Fat EQ"选项区中，修改相应的参数值，如图8-81所示，完成EQ音频效果的添加与编辑。

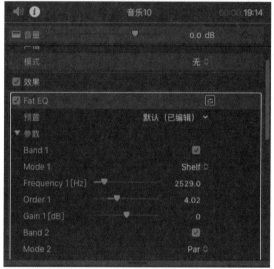

图8-81

8.4.4 实战——添加指定音频效果

在Final Cut Pro X中，用户可以为音频片段添加指定的音频效果，来制作所需的音频效果。下面为大家介绍添加指定音频效果的具体方法。

01 新建一个"事件名称"为"8.4.4"的事件，在"事件浏览器"窗口的空白处右击，在弹出的快捷菜单中，选择"导入媒体"命令，打开"媒体导入"对话框，选择对应文件夹下的"麦田"视频和"音乐11"音频，单击"导入所选项"按钮，将选择的媒体素材添加至"事件浏览器"窗口中，如图8-82所示。

02 选择"麦田"视频素材和"音乐11"音频素材，依次添加至"磁性时间线"窗口的视频轨道上，并将音频片段的时间长度调整至与视频片段的时间长度一致，如图8-83所示。

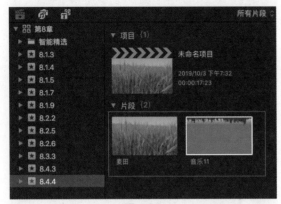

图8-82

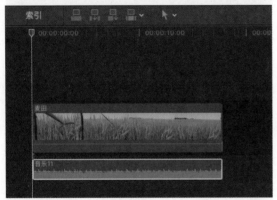

图8-83

03 在"效果浏览器"窗口的左侧列表框中，选择"回声"选项，在右侧列表框中，选择"回声延迟"音频效果，如图8-84所示。

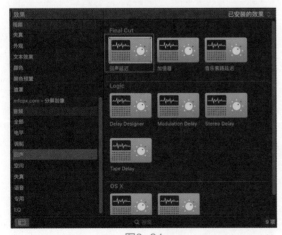

图8-84

04 将选择的音频效果添加至音频片段上，然后在"音频检查器"窗口的"回声延迟"选项区中，修改"数量"参数值为29，如图8-85所示，即可完成"回声延迟"音频效果的添加与编辑。

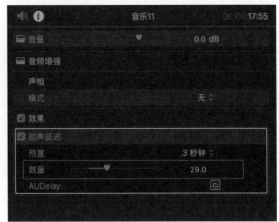

图8-85

8.5 综合实战——创建与编辑"色彩流动"项目的音频

本节将通过实例来练习音频片段的添加操作。在项目中添加音频片段后，用户可以为音频片段添加渐变、过渡和滤镜效果，来实现音频的优化操作。

01 新建一个"事件名称"为"8.5"的事件，然后在新添加事件的"事件浏览器"窗口的空白处右击，在弹出的快捷菜单中，选择"导入媒体"命令，打开"媒体导入"对话框，选择对应文件夹下的"色彩流动"视频和"音乐12"音频，单击"导入所选项"按钮，将选择的媒体素材添加至"事件浏览器"窗口中，如图8-86所示。

02 选择"色彩流动"视频素材和"音乐12"音频素材，依次添加至"磁性时间线"窗口的视频轨道上，将音频片段的时间长度调整至与视频片段的时间长度一致，如图8-87所示。

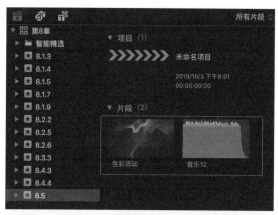

图8-86

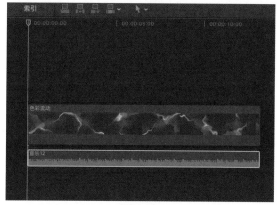

图8-87

03 将时间线移至00:00:06:19的位置，在工具栏中，单击"选择"工具下三角按钮 ，展开列表框，选择"切割"工具 ，当鼠标指针呈 形状时，在时间线位置单击鼠标左键，即可分割音频素材，如图8-88所示。

04 单击"选择"工具 ，选择音频片段中间的编辑点，执行"编辑"|"添加交叉叠化"命令，即可在音频片段之间添加音频过渡效果，如图8-89所示。

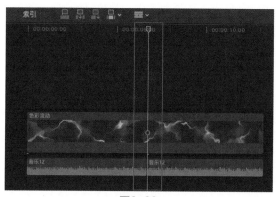

图8-88

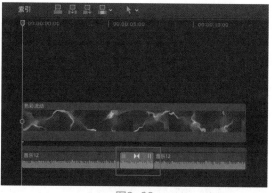

图8-89

05 将光标悬停在左侧音频片段的左侧滑块上，待光标变为左右箭头的形状后，按住鼠标左键并向右拖曳滑块，添加音频渐变效果，如图8-90所示。

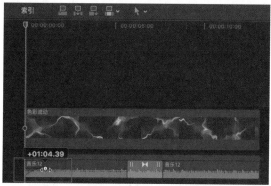

图8-90

06 按住Option键的同时，将光标悬停在音频控制线上的相应位置，光标下方将出现一个带有 形状的标志。此时，单击鼠标左键，在音频控制线上添加多个关键帧，并在添加的关键帧上进行上下拖曳，调整音量的大小，如图8-91所示。

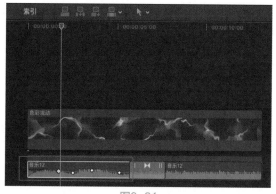

图8-91

07 选择右侧的音频片段，在"音频检查器"窗口中的"声相"选项区中，单击"模式"右侧的三角按钮，展开列表框，选择"立体声左/右"选项，如图8-92所示。

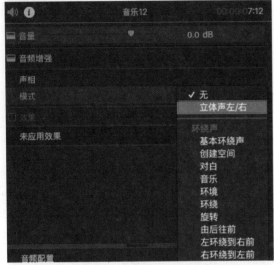

图8-92

08 在"声相"选项区中，拖曳"数量"右侧的滑块，修改其参数值为40，如图8-93所示，完成立体声模式的设置。

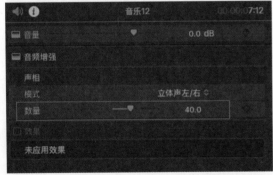

图8-93

09 在"效果浏览器"窗口的左侧列表框中，选择"回声"选项，在右侧列表框中，选择"回声延迟"音频效果，如图8-94所示，然后将选择的音频效果添加至音频片段上。

10 在"监视器"窗口中，单击"从播放头位置向前播放-空格键"按钮，预览处理后的音频效果，对应的视频画面效果如图8-95所示。

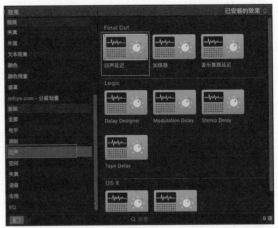

图8-94

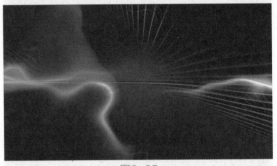

图8-95

8.6 本章小结

本章重点学习了在Final Cut Pro X软件中添加与调整音频效果的各类操作，在掌握了音频素材的使用后，我们可以快速地为视频添加丰富的音乐或音效，并对新添加的音频进行特殊处理，使音频听起来更加生动。熟练掌握本章的音频处理技术，能帮助我们在日后的项目编辑工作中，轻松应对各类音频处理工作，为项目添加丰富的音频效果，从而增强视频的真实感，起到烘托场景气氛的良好作用。

在学习了视频的剪辑、滤镜、转场、抠像、合成、字幕与音频应用等内容后，相信大家已经基本掌握了影片剪辑的操作流程及相关应用。接下来还需要学习将视频项目导出的操作方法。

完成剪辑工作后，需要将项目导出为影片，便于直接观看和分享。在Final Cut Pro X软件中，用户可以根据项目需求和播放环境，选择合适的输出方式。本章就为各位读者详细介绍影片输出与项目管理的相关操作。

本章重点

- 影片的输出与共享
- 使用Compressor输出文件
- 导出静态图像
- 项目的管理方法

本章效果欣赏

9.1 影片输出

通过"共享"子菜单中的各个命令，可以将已经制作好的影片输出到移动设备，并实现网络共享。本节就为各位读者详细讲解Final Cut Pro X软件中影片的输出方法，包括针对播放设备的预置输出、针对网络共享的预置输出等操作。

9.1.1 针对移动设备的预置输出

通过输出到移动设备这一输出方式，可以将输出的视频文件导出到iPhone、iPad、Apple TV、Mac和PC等移动播放设备上，方便用户随时随地进行观看。在Final Cut Pro X中，针对移动设备的预置输出的方法有以下几种。

● 选择视频片段，执行"文件"|"共享"|"Apple设备720p""Apple设备1080p"或"Apple设备4K"命令，如图9-1所示。

● 在软件工作区的右上角，单击"共享项目、时间片段或时间线范围"按钮，展开列表框，选择"Apple设备720p""Apple设备1080p"或"Apple设备4K"命令，如图9-2所示。

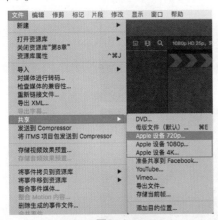

图9-1

图9-2

执行以上任意一种方法，均可打开"Apple设备720p"对话框。在"Apple设备720p"对话框中的"信息"选项卡里，可以设置项目文件的描述、创建者和标记信息。如果要对视频项目的格式、分辨率和颜色空间进行设置，可以在"Apple设备720p"对话框中，单击"设置"按钮，在打开的"设置"选项卡中进行设置。在导出移动设备中的视频时，如果要指定某一个移动设备，则可以在"设置"选项卡中，将光标悬停在计算机图标上方，将会显示出播放该格式的移动设备名称，选择合适的移动设备即可，如图9-3所示。完成参数设置后，单击"共享"按钮，即可将视频共享到播放设备中。

图9-3

9.1.2 针对网络共享的预置输出

Final Cut Pro X软件支持将编辑好的影片直接共享至主流视频网站。在输出影片时，可以通过电子邮件进行传送，或者通过网络平台播出。支持直接进行共享的网站包括Facebook、YouTube和Vimeo。

在Final Cut Pro X中针对网络共享的预置输出的方法有以下几种。

● 选择视频片段，执行"文件"|"共享"命令，在展开的子菜单中，选择"准备共享到Facebook""YouTube"或"Vimeo"命令，如图9-4所示。

● 在软件工作区的右上角，单击"共享项目、时间片段或时间线范围"按钮，展开列表框，选择"准备共享到Facebook""YouTube"或"Vimeo"命令，如图9-5所示。

图9-4

图9-5

1. 输出到Facebook

在"共享"子菜单中，选择"准备共享到Facebook"命令，打开"准备共享到Facebook"对话框，在对话框中单击"设置"按钮，进入"设置"选项卡，在该选项卡中可以对"分辨率""压缩"和"固定字幕"等属性进行设置，如图9-6所示。设置完成后，单击"下一步"按钮，打开存储对话框，设置好存储路径，即可将视频共享到Facebook网站。

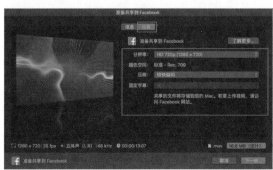

图9-6

"设置"选项卡中各主要选项的具体含义如下。

● 分辨率：该选项的列表框中包含多种视频分辨率，可用于更改以匹配项目或片段的分辨率，如图9-7所示。

图9-7

● 匹配：用于选择视频的压缩方式，如果想要高质量的压缩，可以选择"较好质量"选项；如果想要牺牲质量，以求更快的压缩速度，可以选择"较好编码"选项。

● 固定字幕：如果项目中已经添加了字幕，可以选择要内嵌在输出媒体文件中的字幕语言。

2. 输出到YouTube

在"共享"子菜单中选择"YouTube"命令，将打开"YouTube"对话框。在对话框中单击"设置"按钮，进入"设置"选项卡，此时可以登录YouTube账户，然后进行"分辨率""压缩"和"类别"等参数的设置，如图9-8所示。设置完成后，单击"下一步"按钮，打开存储对话框，设置好存储路径，即可将视频共享到YouTube网站。

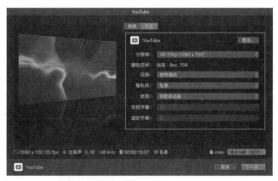

图9-8

"设置"选项卡中各主要选项的具体含义如下。

● 登录：单击该按钮，在打开的对话框中，输入账户信息即可登录YouTube账号。

● 隐私权：用于为共享的影片选择隐私设置。

● 类别：用于选取影片显示的类别。

3. 输出到Vimeo

在"共享"子菜单中选择"Vimeo"命令，将打开"Vimeo"对话框。在对话框中单击"设置"按钮，进入"设置"选项卡，在该选项卡可以登录Vimeo账户，然后进行"分辨率""压缩"和"观众"等参数的设置，如图9-9所示。设置完成后，单击"下一步"按钮，打开存储对话框，设置好存储路径，即可将视频共享到Vimeo网站。

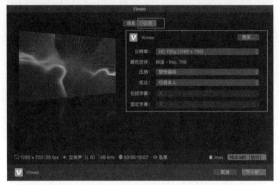

图9-9

9.2 母版文件的输出与共享

使用"母版文件"命令，可以将项目导出为QuickTime影片。Final Cut Pro X软件提供了优质的Apple Pro Res系列编码，该系列编码格式由苹果公司独立研制，具备多种帧尺寸、帧率、位深和色彩采样比例，能够完美地保留原始文件的视频质量。

在Final Cut Pro X中输出母版文件的方法有以下几种。

● 执行"文件"|"共享"|"母版文件（默认）"命令，如图9-10所示。

图9-10

● 在软件工作区的右上角，单击"共享项目、时间片段或时间线范围"按钮，展开列表框，选择"母版文件（默认）"命令，如图9-11所示。

● 按快捷键Command+E。

图9-11

执行以上任意一种方法，均可打开"母版文件"对话框，如图9-12所示。在该对话框的左侧显示了项目缩略图，下方则显示了共享文件的规格、时间长度、影片格式类型、预估的文件所占空间大小等信息。

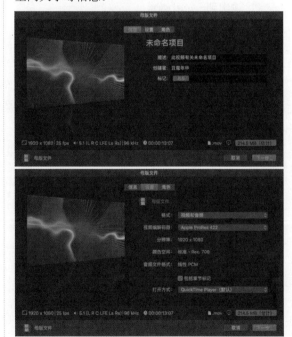

图9-12

在"母版文件"对话框中，各主要选项的含义如下。

- "信息"选项卡：包含需要共享的项目名称、项目描述、创建者名称及标记等信息。
- "格式"列表框：在该列表框中可以选择母带录制的方式，包括"视频和音频""仅视频"和"仅音频"3个选项，如图9-13所示。
- "视频编解码器"列表框：在该列表框中可以对导出的视频格式进行设置，选择"来源"选项，导出的视频文件格式与项目设置的格式相同，在对格式进行切换时，可以导出不同大小和质量的视频文件，如图9-14所示。

图9-13

图9-14

- "打开方式"列表框：该列表框中的选项，用于设定打开导出视频的播放工具。当在列表框中选择"打开方式"选项时，文件共享完成后会自动启动播放文件；当选择"什么都不做"选项时，则会直接输出，如图9-15所示。

图9-15

技巧与提示　在导出母版文件时，如果只需要导出项目中的某一部分，可以先在时间线中为该项目设置出点和入点，然后在时间线中进行框选，再执行"共享"|"母版文件（默认）"命令，即可导出一部分项目视频。

9.3　导出静态图像

如果需要使用第三方软件为视频中的某一画面制作特殊效果，那么就要将视频输出为单帧图像或是序列。本节介绍在Final Cut Pro X软件中导出静态图像的方法，具体内容包括：导出单帧图像和导出序列帧。

9.3.1　实战——导出单帧图像

使用"储存当前帧"命令，可以直接将视频中的某一帧导出为单帧图像。下面为大家介绍导出单帧图像的具体方法。

01 新建一个名称为"第9章"的资源库。然后在"事件资源库"窗口中新建一个"事件名称"为"9.3.1"的事件。

02 在"事件浏览器"窗口的空白处右击，在弹出的快捷菜单中，选择"导入媒体"命令，打开"媒体导入"对话框，选择对应文件夹下的"兔子"视频素材，单击"导入所选项"按钮，将选择的素材添加至"事件浏览器"窗口中，如图9-16所示。

03 选择"兔子"视频素材，将其添加至"磁性时间线"窗口的视频轨道上，如图9-17所示。

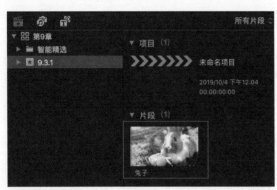

图9-16

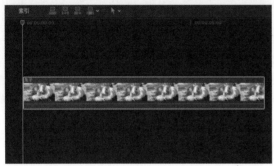

图9-17

04 选择已添加的视频片段，将时间线移至00:00:01:20的位置，执行"文件"|"共享"|"存储当前帧"命令，如图9-18所示。

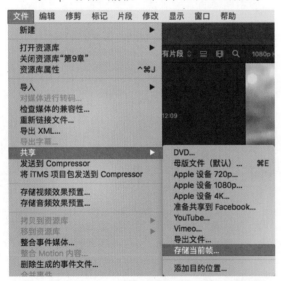

图9-18

05 打开"存储当前帧"对话框，在"设置"选项卡的"导出"列表框中，选择"JPEG图像"选项，然后单击"下一步"按钮，如图9-19所示。

图9-19

06 打开"存储为"对话框，设置好存储路径，然后在"存储为"文本框中输入"单帧图像"，单击"存储"按钮，如图9-20所示，即可导出单帧图像。

图9-20

9.3.2 实战——导出序列帧

序列帧是一组静止的图像序列串，如果一个影片的帧速率为25fps，则在导出时，每秒钟将导出25张静帧图像。下面为大家介绍导出序列帧的具体方法。

01 新建一个"事件名称"为"9.3.2"的事件，在"事件浏览器"窗口的空白处右击，在弹出的快捷菜单中，选择"导入媒体"命令，打开"媒体导入"对话框，选择对应文件夹下的"蜜蜂与树"视频，单击"导入所选项"按钮，将选择的素材添加至"事件浏览器"窗口中，如图9-21所示。

02 选择"蜜蜂与树"视频素材，将其添加至"磁性时间线"窗口的视频轨道上，如图9-22所示。

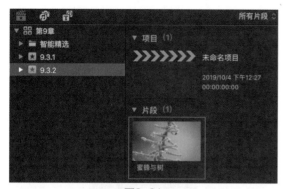

图9-21

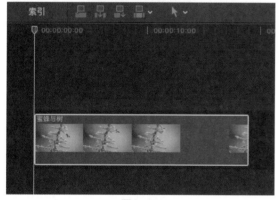

图9-22

技巧与提示　　　导出单帧图像与导出序列的区别是，导出序列需要选择导出范围，如果不选择导出范围，那么导出的序列将会是整个时间线中的画面序列。

03 执行"文件"|"共享"|"添加目的位置"命令，如图9-23所示。

图9-23

04 打开"目的位置"对话框，在右侧的列表框中，选择"图像序列"选项，将其拖曳至左

侧的列表框中，如图9-24所示，即可将选择的"图像序列"选项添加至右侧列表框中。

图9-24

05 执行"文件"|"共享"|"导出图像序列"命令，如图9-25所示。

图9-25

06 打开"存储当前帧"对话框，在"设置"选项卡的"导出"列表框中，选择"TIFF文件"选项，然后单击"下一步"按钮，如图9-26所示。

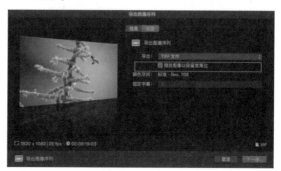

图9-26

175

07 打开"存储为"对话框，设置好存储路径，在"存储为"文本框中输入"导出序列"，单击"存储"按钮，如图9-27所示，即可将视频片段导出为序列。

图9-27

9.4 其他导出操作

在Final Cut Pro X软件中，用户不仅可以将影片导出为母版、单帧图像和序列帧，还可以选择将影片导出为视频和音频文件、仅视频文件、仅音频文件、XML文件等。本节就为各位读者介绍其他文件类型的导出方法。

9.4.1 导出文件

Final Cut Pro X软件支持多种文件格式及分轨文件的输出，导出文件主要有以下几种方法。

● 在时间线中选择项目文件，按I键和O键，设置好导出文件的起始位置和结束位置，然后执行"文件"|"共享"|"导出文件"命令，如图9-28所示。

图9-28

● 在时间线中选择项目文件，按I键和O键，设置好导出文件的起始位置和结束位置，在软件工作区的右上角，单击"共享项目、时间片段或时间线范围"按钮，展开列表框，选择"导出文件"命令，如图9-29所示。

图9-29

执行以上任意一种方法，均可打开"导出文件"对话框，如图9-30所示。在对话框中，单击"设置"按钮，进入"设置"选项卡，依次设置导出的"格式""视频编解码器"和"分辨率"等属性，然后单击"下一步"按钮，设置好存储路径，单击"存储为"按钮，即可导出文件。

图9-30

技巧与提示 默认情况下，在"共享"子菜单中没有"导出文件"选项，用户需要执行"文件"|"共享"|"目的位置"命令，打开"目的位置"对话框，在右侧列表框中选择"导出文件"选项，然后将其拖曳至左侧"添加目的位置"选项上方，释放鼠标左键，即可在"共享"子菜单中添加"导出文件"选项。

9.4.2　导出XML

XML是一种常用的文件格式，用来记录时间线中片段的开始点与结束点，以及片段的结构性数据。使用Final Cut Pro X软件输出的XML文件很小，只有几百KB，输出的XML文件可以很方便地在第三方软件中打开，并且能够完整复原片段在Final Cut Pro X软件中的位置结构。

在Final Cut Pro X软件中导出XML文件的方法很简单，用户打开需要导出的项目文件后，在菜单栏中执行"文件"｜"导出XML"命令，如图9-31所示，打开"存储"对话框，如图9-32所示，在该对话框中设置好文件名称及存储位置后，单击"存储"按钮，即可导出XML文件。

图9-31

图9-32

　　　导出的XML文件的扩展名为".fcpxml"。导出的".fcpxml"文件只保存剪辑信息，不会保存在剪辑过程中所使用的文件。

9.4.3　分角色导出文件

选中视频轨道中的任意片段，然后在"信息检查器"窗口中，展开"扩展"选项的列表框，选择"基本"命令，如图9-33所示。在"信息检查器"窗口中将显示"视频角色"和"音频角色"两个选项，如图9-34所示。

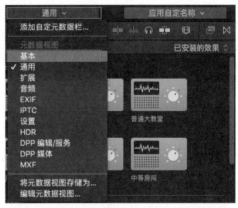

图9-33

图9-34

在"视频角色"和"音频角色"选项下，可以选择角色片段。如果需要对角色进行编辑，则可以在"视频角色"列表框中选择"编辑角色"命令，打开"资源库的角色"对话框，如图9-35所示，在该对话框中可以增添角色分类。

在视频轨道中建立入点和出点，然后执行"文件"｜"共享"｜"母版文件（默认）"命令，打开"母版文件"对话框，在"角色为"列表框中选择"多轨道QuickTime文件"命令，则软件会自动根据角色分为3类，如图9-36所示，然后进行输出即可。

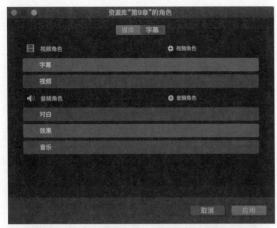

图9-35

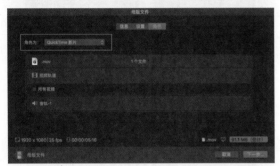

图9-36

9.5 使用Compressor输出文件

Compressor是苹果推出的运行于Mac OS系统中的一款音频与视频编码器软件，也是苹果视频编辑软件中不可或缺的套装软件之一。本节就为各位读者讲解使用Compressor输出文件的具体操作方法。

9.5.1 Compressor设置添加到目的位置

在默认情况下，Compressor没有被添加到"目的位置"，因此需要用户自行将其添加至"目的位置"后，才能进行文件的输出操作。

将Compressor添加至"目的位置"的方法很简单，执行"文件"|"共享"|"目的位置"命令，打开"目的位置"对话框，在右侧列表框中选择"Compressor设置"选项，将其拖曳至左侧的"添加目的位置"选项上方，如图9-37所示，释放鼠标左键，即可在"目的位置"中添加"Compressor设置"选项。

图9-37

9.5.2 发送到Compressor中输出

在"目的位置"中添加了"Compressor设置"选项后，在"磁性时间线"窗口中设置好片段的入点和出点，然后执行"文件"|"发送到Compressor"命令，如图9-38所示。此时，Compressor软件会自动打开，并在软件中添加项目的输出任务。在软件中单击"添加输出"按钮，再根据提示进行操作与设置，即可完成Compressor的输出。

图9-38

9.6 管理项目

在Final Cut Pro X软件中添加了项目文件后，可以对项目文件进行管理操作，例如从备份中恢复项目、整理项目素材、渲染文件、合并时间等。本节就为各位读者详细讲解Final Cut Pro X软件中项目的管理方法。

9.6.1 从备份中恢复项目

Final Cut Pro X软件可以按常规间隔自动备份资源库，备份仅包括资源库的数据库部分，不包括媒体文件（存储的备份的文件名包括时间和日期）。

在备份了项目文件后，可以通过"从备份"功能恢复项目文件，具体方法是：执行"文件"|"打开资源库"|"从备份"命令，如图9-39所示，打开备份对话框，选择恢复来源，然后单击"打开"按钮，如图9-40所示，即可从备份中恢复项目。

图9-39

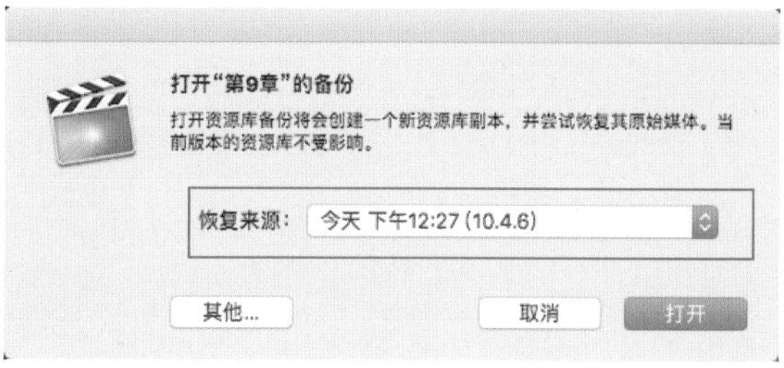

图9-40

9.6.2 整理项目素材与渲染文件

将工作的资源库建立在系统盘中，能在一定程度上提高软件的运算能力。但是随着工程的不断完善和增加，渲染的文件越来越大，本地硬盘可用空间会越来越少。针对这一情况，就需要重

新整理项目素材、代理文件和渲染文件的位置。

选中资源库，打开"资源库属性"窗口，如图9-41所示，在该窗口中会显示资源库中所有渲染文件、分析文件、缩略图图像、音频波形文件，以及这些软件生成文件所占空间的大小，还有其他关于这个资源库的基本信息。如果要修改储存位置，可以单击"储存位置"选项右侧的"修改设置"按钮，打开"设置资源库的存储位置"对话框，在对话框中可以设置媒体的存储位置，如图9-42所示。

图9-41

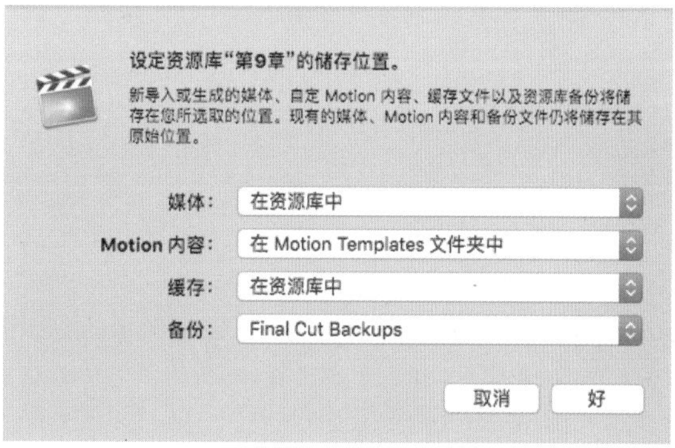

图9-42

使用这一方法，还可以更改"缓存文件"和"备份文件"的位置。一般情况下，可以将"媒体文件"放到空间较大的磁盘中，因为一些需要软件重新封装的视频文件体积较大；如果系统盘够大，则可以将"缓存文件"放置到系统盘符下，这样可以在一定程度上加快软件的运行速

度，也不必担心越来越大的缓存文件，因为可以定时进行清理；而备份文件是资源库的备份，因此尽量不要将其与工程资源库放在相同的盘符下，而应该尽量放到较高的盘符下，如PAID5或其他高保障的盘符下，这样才能降低影片损坏带来的风险。

9.6.3 项目及事件迁移

在Final Cut Pro X软件中，可以选择将片段和项目从一个事件拷贝和迁移到另一个事件。如果要拷贝项目，需要按住Option键将项目从一个事件拖入另一个事件，具体操作为：首先开始拖移，然后在拖移时按住Option键。如果要移动项目，将项目从一个事件拖到另一个事件即可，如图9-43所示。

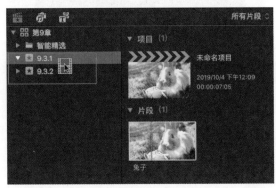

图9-43

9.6.4 XML_FCPX之间的交换项目

在Final Cut Pro X软件中，使用"导入"功能，可以将XML文件导入事件或项目。具体方法是：在菜单栏中，执行"文件"|"导入"|"XML"命令，如图9-44所示。在弹出的"导入"对话框中，选择XML文件，然后单击"导入"按钮，即可在XML与FCPX之间交换项目。

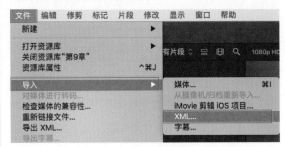

图9-44

9.7 本章小结

本章重点学习了在Final Cut Pro X软件中，各种影片的输出与项目管理的应用方法，只有熟练掌握了这部分知识，才能帮助我们高效地输出影片。在完成影片的剪辑和处理工作后，如果对影片效果很满意，则可以将影片输出为所需格式，方便随时查看影片，或实现影片的共享。

通过美妆产品可以让女人更加精致、漂亮，常用的美妆用品有口红、唇彩、眼影、睫毛膏、指甲油等。将美妆产品图像制作成切屏展示动画，可以更好地向客户展示美妆产品。以动画影片的形式多方位地展示美妆产品，比单一的产品图更能吸引客户的目光。

本章将通过实例的形式，为各位读者详细讲解如何利用Final Cut Pro X制作一款美妆切屏展示动画。本案例完成效果如图10-1所示。

图10-1

10.1 制作故事情节

故事情节是美妆切屏展示动画的主体部分，包含了主要故事情节和次要故事情节，用于展示美妆产品、遮罩、光线和形状效果。下面将为大家讲解制作故事情节的具体操作方法。

10.1.1 制作主要故事情节

01 启动Final Cut Pro X软件，执行"文件"|"新建"|"资源库"命令，打开"存储"对话框，设置好存储位置和资源库名称，单击"存储"按钮，如图10-2所示，新建一个资源库。

02 在"资源库"窗口的空白处右击，打开快捷菜单，选择"新建事件"命令，打开"新建事件"对话框，在"事件名称"文本框中输入"美妆切屏展示动画"，如图10-3所示，单击"好"按钮，新建一个事件。

图10-2

图10-3

03 在"事件浏览器"窗口的空白处右击,打开快捷菜单,选择"导入媒体"命令,打开"媒体导入"对话框,在"第10章"文件夹中,选择需要导入的图像、视频和音频素材,单击"导入所选项"按钮,如图10-4所示。

图10-4

04 打开提示对话框,提示是否转换兼容性视频,单击"转换"按钮,即可将选择的媒体素材导入到"事件浏览器"窗口中,如图10-5所示。

05 在"事件浏览器"窗口中,选择"美妆1"图像片段,将其添加至"磁性时间线"窗口的

视频轨道上,并修改新添加图像片段的时间长度为4秒24帧,如图10-6所示。

图10-5

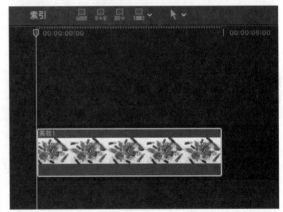

图10-6

06 使用同样的方法,在"事件浏览器"窗口中选择其他图像片段,依次添加至"磁性时间线"窗口的视频轨道上,并将新添加图像片段的时间长度从左至右依次修改为4秒8帧、4秒1帧、4秒20帧、4秒20帧和4秒23帧,完成调整后的效果如图10-7所示。

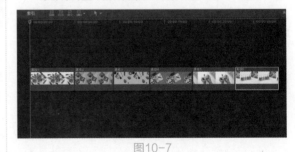

图10-7

07 选择"美妆1"图像片段,将时间线移至00:00:00:00的位置,设置"位置"参数为-37.5px和33.8px,设置"缩放"参数为127%,然后单击"添加关键帧"按钮,添加一组关键帧,如图10-8所示。

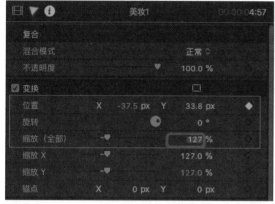

图10-8

08 将时间线移至00:00:00:24的位置,设置"位置"参数为-6.2px和-84.5px,然后单击"添加关键帧"按钮,添加一组关键帧,如图10-9所示。

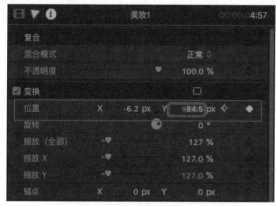

图10-9

09 将时间线移至00:00:02:15的位置,设置"位置"参数为32.4px和-64.8px,然后单击"添加关键帧"按钮,添加一组关键帧,如图10-10所示,完成位置关键帧动画的制作。

10 选择"美妆2"图像片段,将时间线依次移至合适的位置,在"视频检查器"窗口的"变换"选项区中,设置"位置"和"缩放"参数,并单击"添加关键帧"按钮,添加多组关键帧,如图10-11所示。

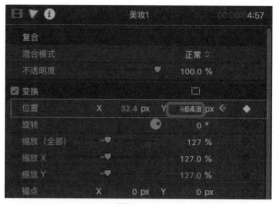

图10-10

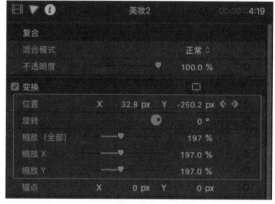

图10-11

11 使用同样的方法,依次选择其他的图像片段,将时间线依次移至合适的位置,然后在"视频检查器"窗口的"变换"选项区中,设置"位置"和"缩放"参数,并单击"添加关键帧"按钮,添加多组关键帧,完成主要故事情节关键帧动画的制作。

10.1.2 制作次要故事情节

01 在"事件浏览器"窗口中,选择"视频1"视频片段,将其添加至"磁性时间线"窗口的图像片段的上方,然后修改新添加视频片段的时间长度为2秒,如图10-12所示。

02 使用同样的方法,在"事件浏览器"窗口中选择其他视频片段,依次添加至"磁性时间线"窗口图像片段的上方,并修改它们的时间长度,如图10-13所示。

183

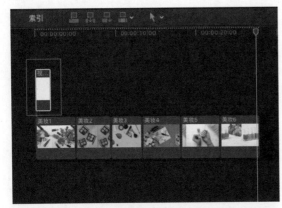

图10-12

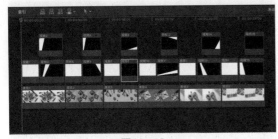

图10-13

03 在"效果浏览器"窗口的左侧列表框中，选择"抠像"选项，在右侧列表框中，选择"亮度抠像器"滤镜效果，如图10-14所示。

图10-14

04 将选择的滤镜效果添加至"视频1"视频片段上，然后在"视频检查器"窗口的"复合"选项区中，修改"不透明度"为49.12%，如图10-15所示。

05 在"效果浏览器"窗口的左侧列表框中，选择"颜色"选项，在右侧列表框中，选择"颜色板"滤镜效果，如图10-16所示。

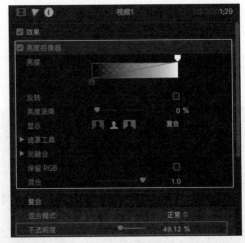

图10-15

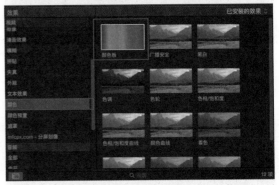

图10-16

06 将选择的滤镜效果添加至"视频1"视频片段上，然后在"颜色检查器"窗口的"颜色"选项区中，设置"主"参数为250°和84%，设置"阴影"参数为297°和71%，设置"中间调"参数为311°和33%，设置"高光"参数为212°和100%，如图10-17所示。

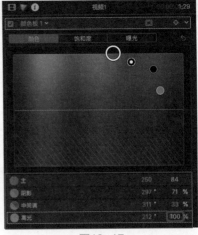

图10-17

07 上述操作完成后，即可完成滤镜效果的添加与编辑，在"监视器"窗口中，可以预览视频片段的效果，如图10-18所示。

图10-18

08 选择"视频1"视频片段，执行"编辑"|"拷贝"命令，拷贝片段属性，选择相应的视频片段，然后执行"编辑"|"粘贴属性"命令，如图10-19所示。

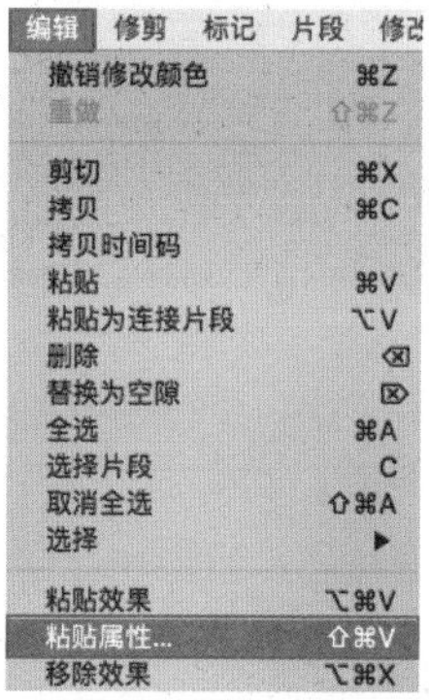

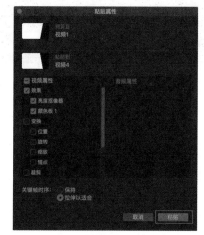

图10-19

09 打开"粘贴属性"对话框，保持默认参数设置，单击"粘贴"按钮，如图10-20所示，即可粘贴视频片段属性。

图10-20

10 在"效果浏览器"窗口的左侧列表框中，选择"抠像"选项，在右侧列表框中，选择"亮度抠像器"滤镜效果。将选择的滤镜效果添加至"视频2"视频片段上，然后在"视频检查器"窗口的"复合"选区中，修改"不透明度"为58.01%，如图10-21所示。

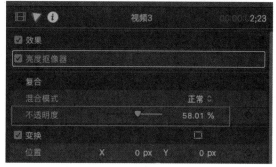

图10-21

11 在"效果浏览器"窗口的左侧列表框中，选择"颜色"选项，在右侧列表框中，选择"颜色板"滤镜效果，将选择的滤镜效果添加至"视频2"视频片段上，然后在"颜色检查器"窗口的"颜色"选项区中，设置"主"参数为78°和52%，设置"阴影"参数为131°和-11%，设置"中间调"参数为206°和31%，设置"高光"参数为268°和-24%，如图10-22所示，即可完成滤镜效果的添加与编辑。

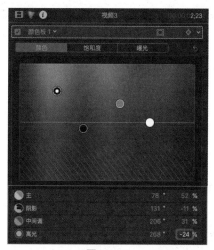

图10-22

12 选择"视频2"视频片段，执行"编辑"|"拷贝"命令，拷贝片段属性。选择相应的视频片段，执行"编辑"|"粘贴属性"

命令，打开"粘贴属性"对话框，保持默认
参数设置，单击"粘贴"按钮，即可粘贴视
频片段属性，并在"监视器"窗口预览视频
效果，如图10-23所示。

图10-23

13 在"事件浏览器"窗口中，选择"光斑1"视
频片段，将其添加至"磁性时间线"窗口的
图像片段上方，然后修改新添加视频片段的
时间长度为27秒21帧，如图10-24所示。

图10-24

14 在"效果浏览器"窗口的左侧列表框中，选择
"抠像"选项，在右侧列表框中，选择"亮度
抠像器"滤镜效果，然后将选择的滤镜效果添
加至"光斑1"视频片段上，并在"监视器"
窗口预览视频效果，如图10-25所示。

图10-25

10.1.3 制作形状效果

01 将时间线移至00:00:02:00的位置，在"事件
浏览器"窗口中，单击"显示或隐藏'字幕
或发生器'边栏"按钮，打开"字幕或
发生器"窗口，在左侧列表框中选择"发生
器"下的"元素"选项，在右侧列表框中选
择"形状"发生器，如图10-26所示。

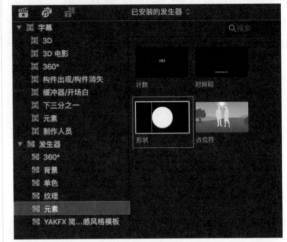

图10-26

02 将选择的"形状"发生器添加至"光斑1"视
频片段的上方，并修改新添加形状片段的时
间长度为2秒8帧，如图10-27所示。

图10-27

03 选择新添加的形状片段，在"发生器检查
器"窗口中，修改"Fill Color(填充颜色)"
和"Qutline Color（轮廓颜色）"均为"黄
色"，如图10-28所示。

04 在"视频检查器"窗口的"复合"选项区
中，设置"不透明度"为0%，单击"添加
关键帧"按钮，添加一组关键帧，在"变
换"选项区中，设置"位置"为-822.3px

和-239.6px，设置"缩放（全部）"参数为12%，如图10-29所示。

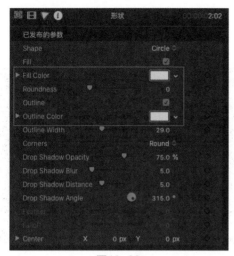

图10-28

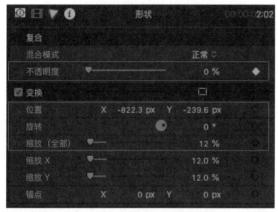

图10-29

05 将时间线移至00:00:02:06的位置，在"视频检查器"窗口的"复合"选项区中，设置"不透明度"为100%，添加一组关键帧。

06 将时间线移至00:00:03:20的位置，在"视频检查器"窗口的"复合"选项区中，设置"不透明度"为100%，添加一组关键帧，如图10-30所示。

图10-30

07 将时间线移至00:00:04:00的位置，在"视频检查器"窗口的"复合"选项区中，设置"不透明度"为0%，添加一组关键帧，如图10-31所示。

图10-31

08 选择新添加的形状片段，执行"编辑"|"拷贝"命令，拷贝形状，然后执行"编辑"|"粘贴"命令，将拷贝后的形状多次粘贴至形状片段的上方，如图10-32所示。

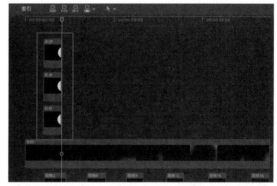

图10-32

09 选择中间的形状片段，在"发生器检查器"窗口中，修改"Fill Color(填充颜色)"和"Qutline Color（轮廓颜色）"为橙色，如图10-33所示。

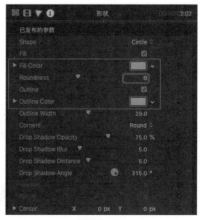

图10-33

10 选择中间的形状片段，在"视频检查器"窗口的"变换"选项区中，设置"位置"为-740.7px和-327.0px，设置"缩放（全部）"参数为33%，如图10-34所示。

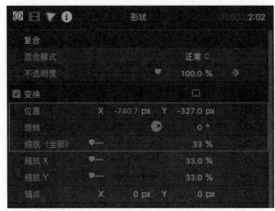

图10-34

11 选择最上方的形状片段，在"视频检查器"窗口的"变换"选项区中，设置"位置"为-675.9px和-415.8px，设置"缩放（全部）"参数为12%，如图10-35所示。

图10-35

12 完成形状的颜色、位置和大小的修改后，在"监视器"窗口中可预览形状效果，如图10-36所示。

图10-36

13 将时间线依次移至合适的位置，选择所有的形状片段，执行"编辑"|"拷贝"命令，拷贝形状，然后执行"编辑"|"粘贴"命令，将拷贝后的形状粘贴至"光斑1"视频片段的上方，如图10-37所示。

图10-37

14 将时间线移至00:00:23:17的位置，在"字幕或发生器"窗口中选择"形状"发生器，将其添加至时间线的位置，并修改其时间长度为4秒4帧，如图10-38所示。

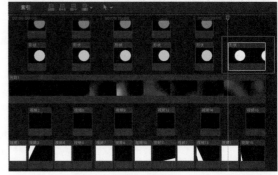

图10-38

15 选择新添加的形状片段，在"发生器检查器"窗口中，修改"Shape（形状）"为"Diamond（菱形）"形状，设置"Fill Color(填充颜色)"和"Qutline Color（轮廓颜色）"为橙色，如图10-39所示。

16 将时间线移至00:00:23:18的位置，在"视频检查器"窗口的"复合"选项区中，设置"不透明度"为0%，单击"添加关键帧"按钮◆，添加一组关键帧，然后在"变换"选项区中，修改"位置"为-75.8px和-77.9px，设置"缩放（全部）"参数为58%，如图10-40所示。

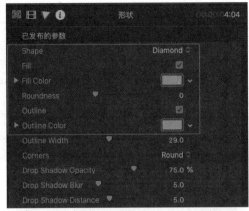

图10-39

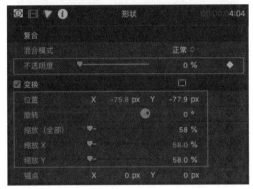

图10-40

17 将时间线移至00:00:23:22位置，在"视频检查器"窗口的"复合"选项区中，设置"不透明度"为100%，添加一组关键帧；将时间线移至00:00:27:10的位置，在"视频检查器"窗口的"复合"选项区中，设置"不透明度"为100%，添加一组关键帧；将时间线移至00:00:27:17的位置，在"视频检查器"窗口的"复合"选项区中，设置"不透明度"为0%，添加一组关键帧，如图10-41所示。

图10-41

18 选择新添加的形状片段，执行"编辑"|"拷贝"命令，拷贝形状，然后执行"编辑"|"粘贴"命令，将拷贝后的形状粘贴至形状片段的上方，如图10-42所示。

图10-42

19 选择粘贴后的形状，在"发生器检查器"窗口中，设置"Fill Color(填充颜色)"和"Qutline Color（轮廓颜色）"为青色，如图10-43所示。

图10-43

20 在"视频检查器"窗口的"变换"选项区中，设置"位置"为118.1px和-68.7px，如图10-44所示。

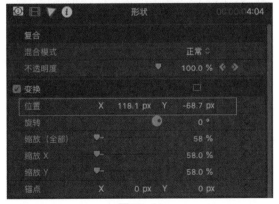

图10-44

189

21 上述操作完成后，即可更改形状的位置，并在"监视器"窗口中预览形状效果，如图10-45所示。

图10-45

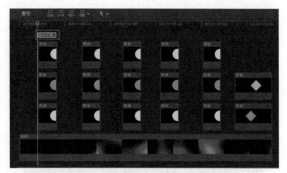

图10-47

10.2 创建字幕效果

完成故事情节的制作后，接下来就需要在故事情节上方加上字幕，并制作相应的文字动画，来使画面效果更加丰富。下面讲解在故事情节上方创建字幕动画的具体操作。

01 将时间线移至00:00:02:00的位置，在"字幕和发生器"窗口的左侧列表框中，选择"字幕"选项，在右侧列表框中，选择"基本字幕"选项，如图10-46所示。

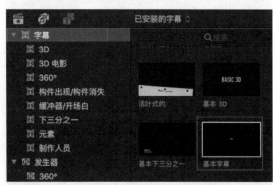

图10-46

02 将选择的"基本字幕"选项添加至"磁性时间线"窗口的形状片段的上方，并修改其时间长度为2秒2帧，如图10-47所示。

03 选择字幕片段，在"文本检查器"窗口的"文本"选项区中，输入文本"多色口红"，然后在"基本"选项区中，设置"字体"为"汉仪粗圆简"，设置"大小"为56.0，如图10-48所示。

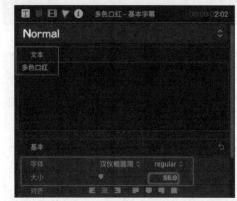

图10-48

04 在"监视器"窗口中将新添加的字幕移动至合适的位置，并预览字幕效果，如图10-49所示。

图10-49

05 选择形状片段，执行"编辑"|"拷贝"命令，拷贝片段，然后选择字幕片段，执行"编辑"|"粘贴属性"命令，打开"粘贴属性"对话框，取消勾选"位置"和"缩放"复选框，单击"粘贴"按钮，如图10-50所示，即可复制粘贴片段属性。

06 将时间线依次移至合适位置，选择所有的字幕片段，执行"编辑"|"拷贝"命令，拷贝字幕，然后执行"编辑"|"粘贴"命令，将

拷贝后的字幕粘贴至时间线的位置，如图10-51所示。

图10-50

图10-51

07 选择粘贴后的字幕效果，在"文字检查器"窗口的"文本"选项区中，输入新的文本内容，然后在"监视器"窗口中移动字幕的位置，字幕参考效果如图10-52所示。

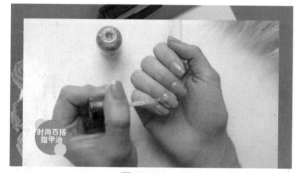

图10-52

08 将时间线移至00:00:23:18的位置，在"字幕和发生器"窗口的左侧列表框中，选择"字幕"选项，在右侧列表框中，选择"基本字幕"选项，将其添加至"磁性时间线"窗口形状片段的上方，并修改其时间长度为4秒4帧，如图10-53所示。

图10-53

09 选择字幕片段，在"文本检查器"窗口的"文本"选项区中，输入文本"绚丽彩妆 肆意采购"，然后在"基本"选项区中，设置"字体"为"方正正中黑简体"，设置"大小"为87，如图10-54所示。

图10-54

10 选择菱形形状片段，执行"编辑"|"拷贝"命令，拷贝片段，然后选择字幕片段，执行"编辑"|"粘贴属性"命令，打开"粘贴属性"对话框，取消勾选"位置"和"缩放"复选框，单击"粘贴"按钮，即可复制粘贴片段属性。

11 在"监视器"窗口中移动字幕到合适位置，完成后的字幕效果如图10-55所示。

图10-55

10.3 添加与编辑音乐

完成上述操作后，还需要为视频添加背景音乐，并对音乐进行相关的编辑处理，使影片效果更加完整。接下来就为大家讲解添加与编辑背景音乐的具体操作。

01 在"事件浏览器"窗口中选择音频素材，将其添加至"磁性时间线"窗口的图像片段的下方，然后修改其时间长度为27秒22帧，如图10-56所示。

02 将光标悬停在音频片段的左侧滑块上，待光标变为左右箭头的形状后，按住鼠标左键，并向右拖曳滑块，添加音频渐变效果，如图10-57所示。

03 将光标悬停在音频片段的右侧滑块上，待光标变为左右箭头的形状后，按住鼠标左键并向左拖曳滑块，添加音频渐变效果，如图10-58所示。

04 同时选择音频片段左右两侧的编辑点，执行"编辑"|"添加交叉叠化"命令，在音频片段的左右两侧添加音频过渡效果，如图10-59所示。

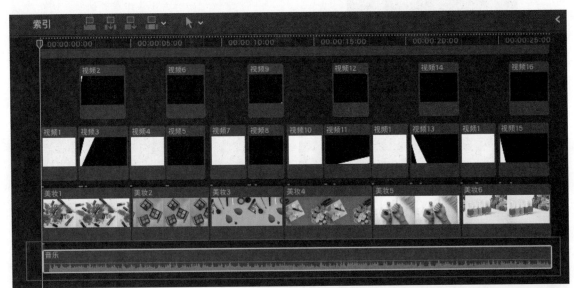

图10-56

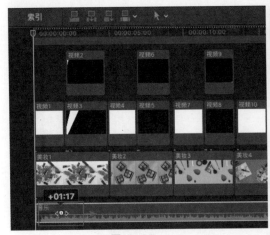

图10-57

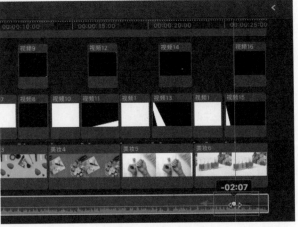

图10-58

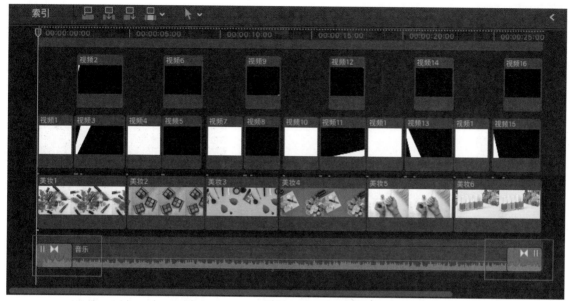

图10-59

10.4 导出影片

在完成视频动画的制作后，如果满意视频效果，则可以将制作好的视频进行导出。接下来将为大家讲解导出影片的具体操作。

01 执行"文件"|"共享"|"Apple设备1080p"命令，如图10-60所示。

图10-60

02 打开"Apple设备1080p"对话框，在"设置"选项卡的"视频编解码器"列表框中，选择"H.264较好质量"选项，单击"共享"按钮，如图10-61所示，即可完成影片的导出操作。至此，本案例效果全部制作完成。

图10-61

随着城市生活节奏的加快，运动俨然已成为一股新的潮流。通过跑步、骑自行车、游泳、足球、瑜伽等运动，不仅可以起到锻炼身体的作用，还可以带来不一样的人生体验。

本例将通过制作一款城市运动宣传片，展示时下最炫酷的运动方式。该效果可作为相关电视节目的开场或健身会所广告，能很好地向大众传递城市运动的重要性。本案例完成效果如图11-1所示。

图11-1

11.1 制作故事情节

故事情节是一个影片的主体部分，包含了主要故事情节和次要故事情节，用于展示各种运动方式和形状效果。下面将为大家讲解制作故事情节的具体操作方法。

11.1.1 制作故事情节主体

01 执行"文件"|"新建"|"资源库"命令，新建一个名称为"第11章"的资源库。在"资源库"窗口的空白处右击，打开快捷菜单，选择"新建事件"命令，打开"新建事件"对话框，在"事件名称"文本框中输入"城市运动宣传片"，单击"好"按钮，如图11-2所示，新建一个事件。

02 在"事件浏览器"窗口的空白处右击，打开快捷菜单，选择"导入媒体"命令，打开"媒体导入"对话框，在"第11章"文件夹中，选择需要导入的图像、视频和音频素材，单击"导入所选项"按钮，即可将选择的媒体素材导入"事件浏览器"窗口，如图11-3所示。

图11-2

图11-3

03 在"事件浏览器"窗口中，选择"城市"视频素材，将其添加至"磁性时间线"窗口的视频轨道上，并修改其时间长度为26秒20帧，如图11-4所示。

图11-4

04 在"事件浏览器"窗口中，选择"跑步"图像素材，将其添加至视频片段的上方，并修改其时间长度为4秒20帧，如图11-5所示。

图11-5

05 选择"跑步"图像素材，在"视频检查器"窗口的"变换"选项区中，修改"缩放（全部）"参数为150%，如图11-6所示。

图11-6

06 上述操作完成后，即可修改图像的显示大小，在"监视器"窗口中可预览当前图像效果，如图11-7所示。

图11-7

07 使用同样的方法，依次将"事件浏览器"窗口中的其他图像片段添加至视频片段的上方，如图11-8所示。

08 在"视频检查器"窗口的"变换"选项区中，设置"足球"图像片段的"缩放（全部）"参数为124%；设置"骑车"图像片段的"缩放（全部）"参数为135%；设置"瑜伽"图像片段的"缩放（全部）"参数为146%；设置"篮球"图像片段的"缩放（全部）"参数为122%；设置"游泳"图像片段的"缩放（全部）"参数为146%，如图11-9所示，完成图像显示大小的调整。

图11-8

图11-9

09 将时间线移至00:00:00:00的位置，选择"跑步"图像片段，在"视频检查器"窗口的"复合"选项区中，设置"不透明度"参数为0%，然后单击"添加关键帧"按钮◈，添加一组关键帧，如图11-10所示。

图11-10

10 将时间线移至00:00:02:06的位置，选择"跑步"图像片段，在"视频检查器"窗口的

"复合"选项区中，设置"不透明度"参数为100%，然后单击"添加关键帧"按钮◈，添加一组关键帧，如图11-11所示。

图11-11

11 将时间线移至00:00:04:08的位置，选择"跑步"图像片段，在"视频检查器"窗口的"复合"选项区中，设置"不透明度"参数为100%，然后单击"添加关键帧"按钮◈，添加一组关键帧，如图11-12所示。

图11-12

12 将时间线移至00:00:04:16的位置，选择"跑步"图像片段，在"视频检查器"窗口的"复合"选项区中，设置"不透明度"参数为0%，然后单击"添加关键帧"按钮◈，添加一组关键帧，如图11-13所示。

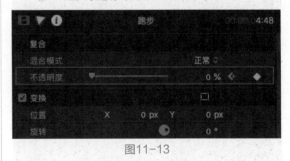

图11-13

11.1.2 添加滤镜与转场

01 在"效果浏览器"窗口中的左侧列表框中，选择"拼贴"选项，在右侧列表框中，选择

"拼贴"滤镜效果，如图11-14所示。

图11-14

02 将选择的"拼贴"滤镜效果添加至"跑步"图像片段上，即可添加滤镜效果，在"监视器"窗口中可以预览当前图像效果，如图11-15所示。

图11-15

03 将时间线移至00:00:00:00的位置，选择"跑步"图像片段，在"视频检查器"窗口的"拼贴"选项区中，设置"Amount（数量）"参数为1，然后单击"添加关键帧"按钮 ，添加一组关键帧，如图11-16所示。

图11-16

04 将时间线移至00:00:00:18的位置，在"视频检查器"窗口的"拼贴"选项区中，设置"Amount（数量）"参数为2.27，然后单击"添加关键帧"按钮 ，添加一组关键帧，如图11-17所示。

05 将时间线移至00:00:01:09的位置，在"视频检查器"窗口的"拼贴"选项区中，设置"Amount（数量）"参数为3.39，然后单击

"添加关键帧"按钮 ，添加一组关键帧，如图11-18所示。

图11-17

图11-18

06 将时间线移至00:00:03:23的位置，在"视频检查器"窗口的"拼贴"选项区中，修改"Amount（数量）"参数为9.76，然后单击"添加关键帧"按钮 ，添加一组关键帧，如图11-19所示。

图11-19

07 在"效果浏览器"窗口的左侧列表框中，选择"拼贴"选项，在右侧列表框中，选择"透视拼贴"滤镜效果，如图11-20所示。

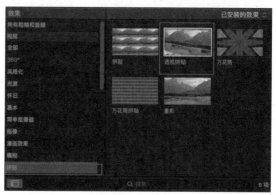

图11-20

08 将选择的"透视拼贴"滤镜效果添加至"足球"图像片段上，并在"监视器"窗口中预览当前图像效果，如图11-21所示。

图11-21

09 在"效果浏览器"窗口的左侧列表框中，选择"风格化"选项，在右侧列表框中，选择"投影仪"滤镜效果，如图11-22所示。

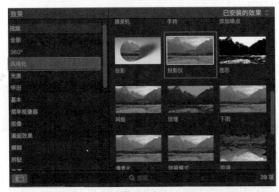

图11-22

10 将选择的"投影仪"滤镜效果添加至"瑜伽"图像片段上，然后在"视频检查器"窗口的"投影仪"选项区中，设置"Amount（数量）"参数为34.65，如图11-23所示。

图11-23

11 在"效果浏览器"窗口的左侧列表框中，选择"风格化"选项，在右侧列表框中，选择"照片回忆"滤镜效果，如图11-24所示。

图11-24

12 将选择的"照片回忆"滤镜效果添加至"瑜伽"图像片段上，并在"监视器"窗口预览图像效果，如图11-25所示。

图11-25

13 在"效果浏览器"窗口中的左侧列表框中，选择"失真"选项，在右侧列表框中，选择"镜像"滤镜效果，如图11-26所示。

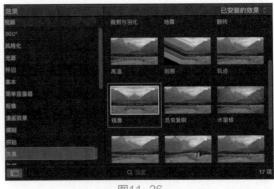

图11-26

14 将选择的"镜像"滤镜效果添加至"篮球"图像片段上，并在"监视器"窗口预览图像效果，如图11-27所示。

15 执行"窗口"|"在工作区中显示"|"转场"命令，如图11-28所示。

图11-27

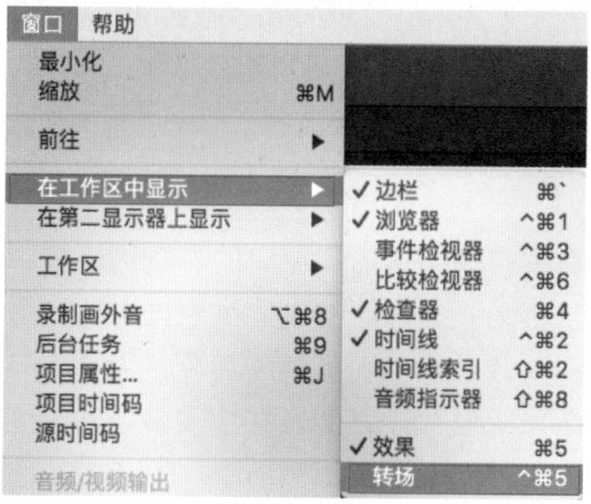

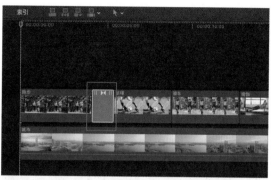

图11-30

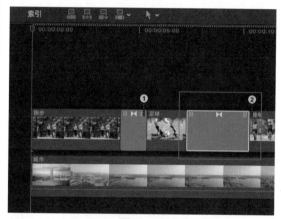

图11-31

19 在"转场浏览器"窗口的左侧列表框中，选择"复制器/克隆"选项，在右侧列表框中，选择"克隆旋转"转场效果，将其添加至"骑车"与"瑜伽"图像片段之间，并修改转场的时间长度为3秒1帧，如图11-32所示。

图11-28

16 打开"转场浏览器"窗口，在左侧列表框中选择"叠化"选项，在右侧列表框中，选择"分隔"转场效果，如图11-29所示。

图11-29

17 将选择的"分隔"转场效果添加至"跑步"与"足球"图像片段之间，并修改转场的时间长度为1秒7帧，如图11-30所示。

18 在"转场浏览器"窗口的左侧列表框中，选择"复制器/克隆"选项，在右侧列表框中，选择"视频墙"转场效果，将其添加至"足球"与"骑车"图像片段之间，并修改转场的时间长度为3秒1帧，如图11-31所示。

图11-32

20 在"转场浏览器"窗口的左侧列表框中，选择"复制器/克隆"选项，在右侧列表框中，选择"多个"转场效果，将其添加至"瑜伽"与"篮球"图像片段之间，并修改转场的时间长度为2秒14帧，如图11-33所示。

图11-33

21 选择"多个"转场效果,在"转场检查器"窗口中的"多个"选项区中,单击第一个选项右侧的按钮█,如图11-34所示。

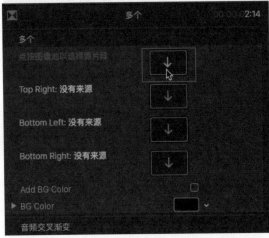

图11-34

22 显示"监视器"窗口,然后在"磁性时间线"窗口中选择"跑步"图像片段,确定图片来源,并在"监视器"窗口中单击"应用片段"按钮,如图11-35所示,应用图像片段。

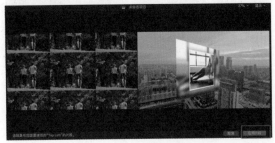

图11-35

23 使用同样的方法,依次设置其他图片的来源,其"转场检查器"窗口如图11-36所示。

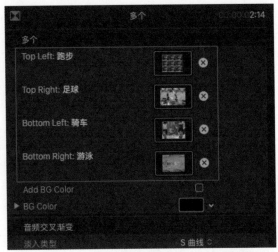

图11-36

24 在"转场浏览器"窗口的左侧列表框中选择"移动"选项,在右侧列表框中,选择"拼图"转场效果,将其添加至"篮球"与"游泳"图像片段之间,并修改转场的时间长度为3秒8帧,如图11-37所示。

图11-37

25 在"转场浏览器"窗口的左侧列表框中选择"擦除"选项,在右侧列表框中,选择"交叉叠化"转场效果,将其添加至"城市"视频片段和"游泳"图像片段的末尾处,并分别修改转场的时间长度为9帧和11帧,如图11-38所示。

26 在"监视器"窗口中,单击"从播放头位置向前播放-空格键"按钮▶,预览转场和滤镜效果,如图11-39所示。

图11-38

图11-39

11.1.3 制作形状效果

01 在"字幕和发生器"窗口的左侧列表框中，选择"发生器"|"元素"选项，在右侧列表框中，选择"形状"发生器，如图11-40所示。

图11-41

03 选择新添加的形状片段，在"发生器检查器"窗口中，设置"Shape（形状）"为"Diamond（菱形）"形状，设置"Fill Color(填充颜色)"和"Qutline Color（轮廓颜色）"为橙色，如图11-42所示。

04 在"视频检查器"窗口的"复合"选项区中，设置"不透明度"为0%，并单击"添加关键帧"按钮![按钮]，添加一组关键帧，然后在"变换"选项区中，设置"位置"为-696.6px和-19.4px，设置"缩放（全部）"参数为50%，如图11-43所示。

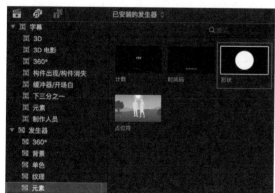

图11-40

02 将选择的"形状"发生器添加至图像片段的上方，并修改其时间长度为2秒6帧，如图11-41所示。

201

图11-42

图11-43

05 将时间线移至00:00:00:12的位置，在"视频检查器"窗口的"复合"选项区中，设置"不透明度"为100%，添加一组关键帧；将时间线移至00:00:01:23的位置，在"视频检查器"窗口的"复合"选项区中，设置"不透明度"为100%，添加一组关键帧，如图11-44所示。

图11-44

06 将时间线移至00:00:02:04的位置，在"视频检查器"窗口的"复合"选项区中，设置"不透明度"为0%，添加一组关键帧，如图11-45所示。

07 选择新添加的形状片段，执行"编辑"|"拷贝"命令，拷贝形状，然后执行"编辑"|"粘贴"命令，将拷贝后的形状粘贴至形状片段的上方，如图11-46所示。

图11-45

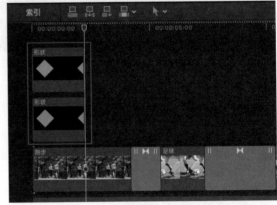

图11-46

08 选择粘贴后的形状片段，在"发生器检查器"窗口中，设置"Shape（形状）"为"Hexagon（多边形）"形状，设置"Fill Color(填充颜色)"和"Qutline Color（轮廓颜色）"为黄色，如图11-47所示。

图11-47

09 在"视频检查器"窗口的"变换"选项区中，修改"位置"为-498px和-30.8px，如图11-48所示。

10 选择相应的形状片段，执行"编辑"|"拷贝"命令，拷贝形状，然后执行"编辑"|"粘贴"命令，将拷贝后的形状多次粘贴至形状片段的上方，再依次在"发生器检查器"窗口和"视频检查器"窗口中，修改粘贴后形状的颜色、位置和角度，如图11-49所示。

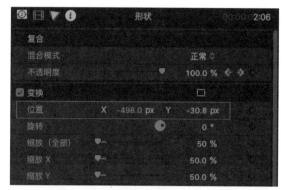

图11-48

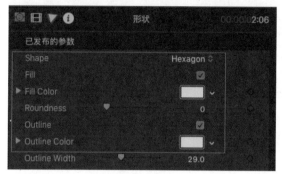

图11-49

11. 依次在"发生器检查器"窗口和"视频检查器"窗口中，修改粘贴后形状的颜色、位置和角度，在"监视器"窗口中可预览形状效果，如图11-50所示。

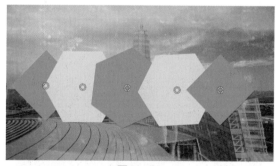

图11-50

12. 在"字幕和发生器"窗口的左侧列表框中，选择"发生器"|"元素"选项，在右侧列表框中，选择"形状"发生器，将其添加至图像片段的上方，并修改其时间长度为1秒20帧，如图11-51所示。

13. 选择新添加的形状片段，在"发生器检查器"窗口中，修改"Shape（形状）"为"Rectangle（矩形）"形状，设置"Fill

Color(填充颜色)"和"Qutline Color（轮廓颜色）"为青色，如图11-52所示。

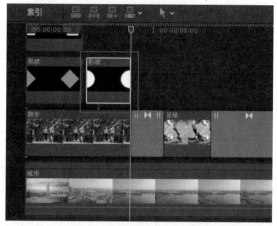

图11-51

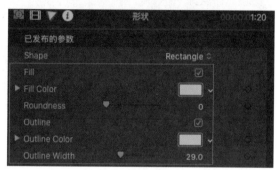

图11-52

14. 在"视频检查器"窗口的"变换"选项区中，设置"缩放X"参数为67.56%，设置"缩放Y"参数为31.12%，如图11-53所示。

图11-53

15. 上述操作完成后，即可修改形状片段的显示大小，在"监视器"窗口中可预览形状效果，如图11-54所示。

图11-54

16 选择左侧的菱形片段，执行"编辑"|"拷贝"命令，拷贝形状，然后选择右侧的矩形片段，执行"编辑"|"粘贴属性"命令，对片段属性进行拷贝与粘贴操作。

17 将时间线移至合适的位置，选择矩形片段，执行"编辑"|"拷贝"命令，拷贝形状，然后执行"编辑"|"粘贴"命令，将拷贝后的形状粘贴至图像片段上方，并修改各形状的时间长度，如图11-55所示。

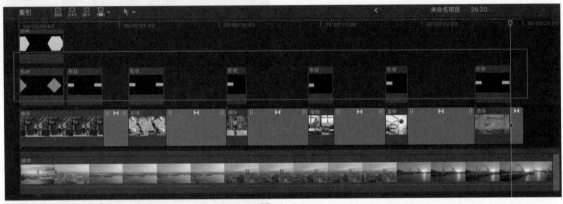

图11-55

11.2 创建字幕效果

在完成影片主体效果的制作后，继续通过"字幕"功能创建相关字幕，对影片中的运动项目等进行说明。此外，还需要制作文字的淡入淡出效果，使画面衔接更加自然。下面为大家详细讲解在故事情节上方创建字幕动画的具体操作。

01 在"字幕和发生器"窗口的左侧列表框中，选择"字幕"|"3D"选项，在右侧列表框中，选择"渐变3D"选项，如图11-56所示。

图11-56

02 将选择的"渐变3D"选项添加至"磁性时间线"窗口的形状片段上方，并修改其时间长度为2秒6帧，如图11-57所示。

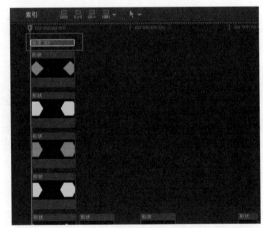

图11-57

03 选择字幕片段，在"文本检查器"窗口的"文本"选项区中，输入文本"运动无极限"，然后在"基本"选项区中，设置"字体"为"方正综艺简体"，设置"大小"为200，如图11-58所示。

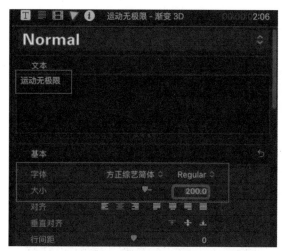

图11-58

04 取消勾选"3D文本"复选框，然后勾选"投影"复选框，再展开"表面"选项区，设置"颜色"为白色，如图11-59所示。

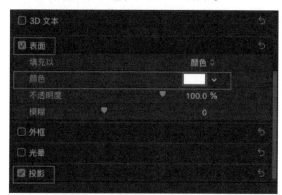

图11-59

05 完成字幕的添加与编辑后，在"监视器"窗口中将渐变3D字幕移至合适的位置，如图11-60所示。

图11-60

06 在"字幕和发生器"窗口的左侧列表框中，选择"字幕"选项，在右侧列表框中，选择"基本字幕"选项，将其添加至"磁性时间

线"窗口形状片段的上方，并修改其时间长度为1秒20帧，如图11-61所示。

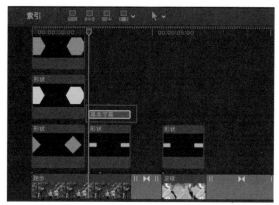

图11-61

07 选择新添加的字幕片段，在"文本检查器"窗口的"文本"选项区中，输入文本"跑步锻炼"，然后在"基本"选项区中，设置"字体"为"方正美黑简体"，设置"大小"为92，如图11-62所示。

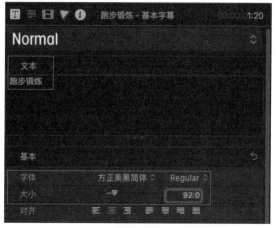

图11-62

08 勾选"投影"复选框，再展开"表面"选项区，设置"颜色"为白色，如图11-63所示。

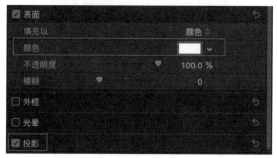

图11-63

09 完成字幕的添加与编辑后，在"监视器"窗口中将字幕移动至合适的位置，如图11-64所示。

图11-64

10 将时间线依次移至合适的位置，选择所有的字幕片段，执行"编辑"|"拷贝"命令，拷贝字幕，然后执行"编辑"|"粘贴"命令，将拷贝后的字幕粘贴至时间线的位置处，然后依次修改拷贝后字幕片段的时间长度，如图11-65所示。

图11-65

11 选择粘贴后的字幕效果，在"文字检查器"窗口的"文本"选项区中，输入新的文本内容，修改字幕的填充颜色，然后在"监视器"窗口中移动字幕的位置，字幕参考效果如图11-66所示。

图11-66

12 选择矩形形状，执行"编辑"|"拷贝"命令，拷贝形状，然后选择基本字幕片段，执行"编辑"|"粘贴属性"命令，为片段属性进行拷贝与粘贴操作。

13 在"字幕和发生器"窗口的左侧列表框中，选择"字幕"选项，在右侧列表框中，选择"翻滚3D"选项，将其添加至"磁性时间线"窗口的形状片段的上方，并修改其时间长度为2秒10帧，如图11-67所示。

图11-67

14 在"转场浏览器"窗口的左侧列表框中选择"擦除"选项，在右侧列表框中，选择"交叉叠化"转场效果，将其添加至新添加字幕片段的末尾处，并修改转场的时间长度为14帧，如图11-68所示。

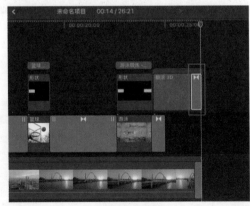

图11-68

15 选择新添加的字幕片段，在"文本检查器"窗口的"文本"选项区中，输入文本，然后在"基本"选项区中，设置"字体"为"方正正中黑简体"，设置"大小"为206，如图11-69所示。

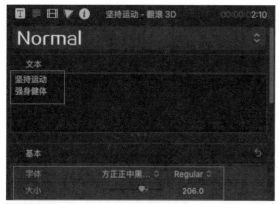

图11-69

16 取消勾选"3D文本"复选框，然后勾选"投影"复选框，再展开"表面"选项区，修改"颜色"为白色，如图11-70所示。

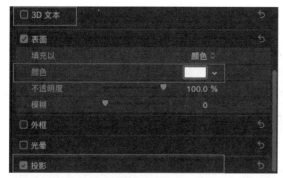

图11-70

17 完成字幕的添加与编辑后，在"监视器"窗口中将字幕移至合适的位置，参考效果如图11-71所示。

图11-71

11.3 添加与编辑音乐

完成上述操作后，还需要为视频添加背景音乐，并对音乐进行相关的编辑处理，使影片效果更加完整。接下来讲解添加与编辑背景音乐的具体操作。

01 在"事件浏览器"窗口中选择音频素材，将其添加至"磁性时间线"窗口的图像片段下方，并修改其时间长度为26秒21帧，如图11-72所示。

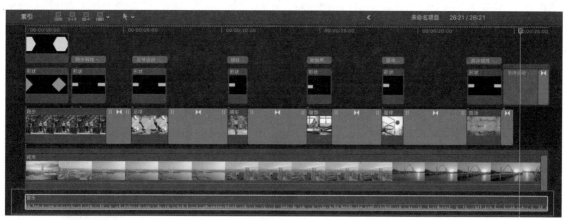

图11-72

02 将光标悬停在音频片段的左侧滑块上，待光标变为左右箭头的形状后，按住鼠标左键，并向右拖曳滑块，添加音频渐变效果，如图11-73所示。

03 将光标悬停在音频片段的右侧滑块上，待光标变为左右箭头的形状后，按住鼠标左键，并向左拖曳滑块，添加音频渐变效果，如图11-74所示。

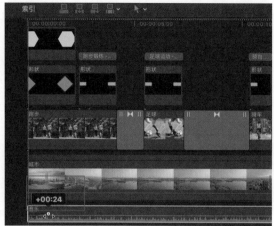

图11-73

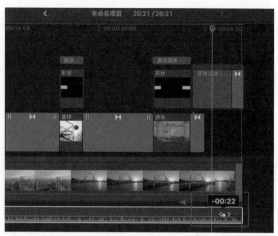

图11-74

04 同时选择音频片段左右两侧的编辑点，执行"编辑"|"添加交叉叠化"命令，在音频片段的左右两侧添加音频过渡效果，如图11-75所示。

图11-75

11.4　导出影片

　　在完成视频动画的制作后，如果满意视频效果，则可以将制作好的视频进行导出。接下来将为大家讲解导出影片的具体操作。

01 执行"文件"|"共享"|"Apple设备1080p"命令，如图11-76所示。

02 打开"Apple设备1080p"对话框，在"设置"选项卡的"视频编解码器"列表框中，选择"H.264较好质量"选项，单击"共享"按钮，如图11-77所示，即可完成影片的导出操作。至此，本案例效果全部制作完成。

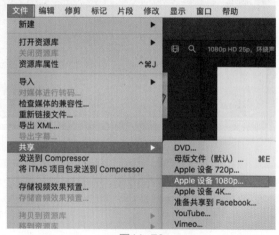

图11-76

图11-77

旅游相册是一种对旅途中所见所闻的记录方式，伴随着照片和简短的文字，能让我们时刻享受着在路上的乐趣。旅游相册通常会用美丽的风景作为表现重点，根据自己的喜好将图片、视频、音乐及文字进行搭配，组建成设计感十足的短片。

本章将通过实例的形式，讲解如何利用Final Cut Pro X制作一款时尚动感旅游相册。通过本章的学习，大家也可以根据个人喜好、风格要求，制作专属于自己的动态旅游相册。本案例完成效果如图12-1所示。

图12-1

12.1　制作故事情节

制作本例的第一步，是通过制作故事情节来呈现旅游相册的主体内容，即展示各个旅游胜地的美景。接下来，下面为大家讲解制作故事情节的具体操作方法。

01 执行"文件"|"新建"|"资源库"命令，新建一个名称为"第12章"的资源库。在"资源库"窗口的空白处右击，打开快捷菜单，选择"新建事件"命令，打开"新建事件"对话框，在"事件名称"文本框中输入"时尚动感旅游相册"，单击"好"按钮，如图12-2所示，新建一个事件。

02 在"事件浏览器"窗口的空白处右击，打开快捷菜单，选择"导入媒体"命令，打开"媒体导入"对话框，在"第12章"文件夹中，选择需要导入的图像、视频和音频素材，单击"导入所选项"按钮，即可将选择的媒体素材导入"事件浏览器"窗口，如图12-3所示。

图12-2

图12-3

03 在"事件浏览器"窗口中,选择"视频"素材,将其3次添加至"磁性时间线"窗口的视频轨道上,并修改最后一个视频片段的时间长度为1秒7帧,如图12-4所示。

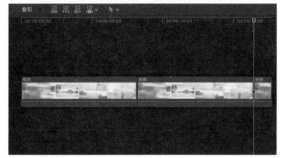

图12-4

04 在"字幕和发生器"窗口的左侧列表框中,选择"纹理"选项,在右侧列表框中,选择"细条纹"发生器片段,如图12-5所示。

05 将选择的"细条纹"发生器片段添加至视频片段右侧,并修改其时间长度为1秒22帧,如图12-6所示。

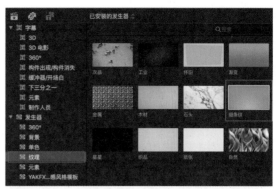

图12-5

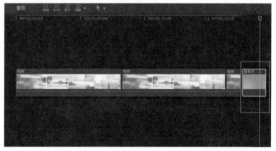

图12-6

06 将时间线移至00:00:01:24的位置,在"事件浏览器"窗口中,选择"背景"图像素材,将其添加至视频片段的上方,并修改其时间长度为2秒,如图12-7所示。

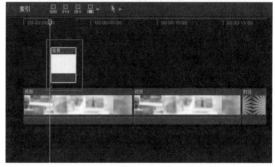

图12-7

07 将时间线移至00:00:01:24的位置,在"视频检查器"窗口的"复合"选项区中,设置"不透明度"参数为0%,然后在"变换"选项区中,设置"位置"参数为-100.2px和462.5px,设置"旋转"参数为5.5°,设置"缩放X"参数为55.96%,设置"缩放Y"参数为73.17%,单击"添加关键帧"按钮◈,添加一组关键帧,如图12-8所示。

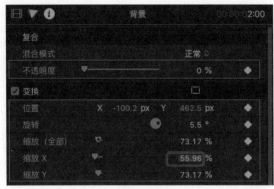

图12-8

08 将时间线移至00:00:02:04的位置，在"视频检查器"窗口的"复合"选项区中，设置"不透明度"参数为100%，然后在"变换"选项区中，设置"位置"参数为-73px和12.5px，设置"旋转"参数为4.9°，设置"缩放X"参数为55.96%，设置"缩放Y"参数为73.17%，单击"添加关键帧"按钮 ⬦，添加一组关键帧，如图12-9所示。

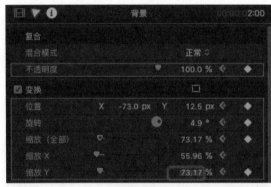

图12-9

09 将时间线移至00:00:02:10的位置，在"视频检查器"窗口的"复合"选项区中，设置"不透明度"参数为100%，然后在"变换"选项区中，设置"位置"参数为-73.5px和21.3px，设置"旋转"参数为-0.6°，设置"缩放X"参数为55.96%，设置"缩放Y"参数为73.17%，单击"添加关键帧"按钮 ⬦，添加一组关键帧，如图12-10所示。

10 将时间线移至00:00:03:17的位置，选择"跑步"图像片段，然后在"视频检查器"窗口的"复合"选项区中，修改"不透明度"参数为100%，单击"添加关键帧"按钮 ⬦，添加一组关键帧，如图12-11所示。

图12-10

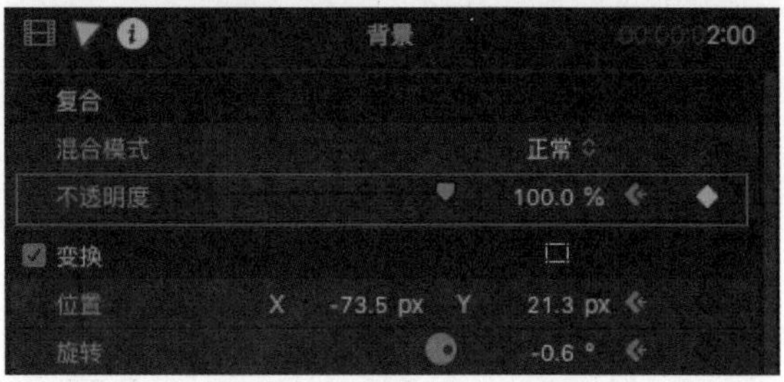

图12-11

11 将时间线移至00:00:03:22的位置，选择"跑步"图像片段，然后在"视频检查器"窗口的"复合"选项区中，设置"不透明度"参数为0%，单击"添加关键帧"按钮 ⬦，添加一组关键帧，如图12-12所示，完成关键帧动画的制作。

图12-12

12 选择"背景"图像片段，执行"编辑"|"拷贝"命令，复制图像片段，再移动时间线的位置，然后执行"编辑"|"粘贴"命令，即可多次粘贴图像片段，粘贴完成后效果如图12-13所示。

13 选择复制后的"背景"图像片段，在"视频检查器"窗口中依次修改"位置"和"旋转"参数值，在"监视器"窗口可以预览图像效果，如图12-14所示。

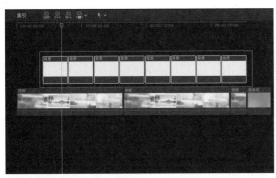

图12-13

图12-14

14 在"事件浏览器"窗口中,选择"雪山美景"图像素材,将其添加至"背景"图像片段上方,并修改其时间长度为1秒24帧,如图12-15所示。

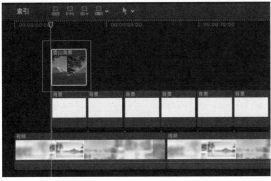

图12-15

15 选择新添加的图像片段,在"视频检查器"窗口的"变换"选项区中,设置"缩放(全部)"参数为58%,如图12-16所示,修改图像的显示大小。

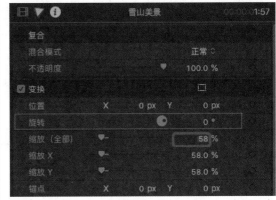

图12-16

16 选择"雪山美景"片段下方的"背景"图像片段,执行"编辑"|"拷贝"命令,复制图像片段,然后选择"雪山美景"图像片段,执行"编辑"|"粘贴属性"命令,打开"粘贴属性"对话框,取消勾选"缩放"复选框,单击"粘贴"按钮,如图12-17所示。

图12-17

17 上述操作完成后,即可粘贴图像片段的属性,在"监视器"窗口中可以预览当前图像效果,如图12-18所示。

图12-18

18 将其他图像片段依次添加到"背景"图像片段的上方，并修改各图像片段的时间长度，完成效果如图12-19所示。

图12-19

19 选择"背景"图像片段，执行"编辑"|"拷贝"命令，复制图像片段，然后选择其他的风景图像片段，执行"编辑"|"粘贴属性"命令，打开"粘贴属性"对话框，取消勾选"缩放"复选框，单击"粘贴"按钮，粘贴图像片段的属性，并依次在"监视器"窗口中，对各个图像的关键帧运动效果进行微调，并实时预览图像效果，如图12-20所示。

图12-20

12.2 创建字幕效果

在制作好旅游相册的主体效果后，便可以通过"字幕"功能创建相应的字幕，对相册中所呈现的各个景点进行具体介绍，并为文字制作淡入淡出的效果，使过渡更加自然。下面将为大家讲解在故事情节上方创建字幕动画的具体操作。

01 将时间线移至00:00:00:00的位置，在"字幕和发生器"窗口的左侧列表框中，选择"字幕"选项，在右侧列表框中，选择"小精灵粉末"选项，如图12-21所示。

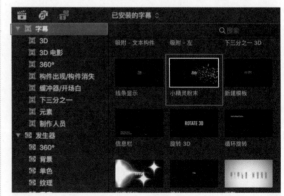

图12-21

02 将选择的"小精灵粉末"选项添加至"磁性时间线"窗口的视频片段上方，并修改其时间长度为1秒24帧，如图12-22所示。

图12-22

03　选择字幕片段，在"文本检查器"窗口的"文本"选项区中，输入文本"旅游相册"，然后在"基本"选项区中，设置"Font（字体）"为"华康雅宋体W9"，设置"Size（大小）"为240，设置"字距"为21，如图12-23所示。

图12-23

04　展开"表面"选项区，设置"Color（颜色）"为黄色，如图12-24所示。

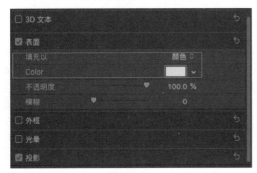

图12-24

05　完成字幕的添加与编辑后，在"监视器"窗口中将新添加的字幕移至合适的位置，如图12-25所示。

图12-25

06　在"字幕和发生器"窗口的左侧列表框中，选择"字幕"选项，在右侧列表框中，选择"基本字幕"选项，将其添加至"磁性时间线"窗口图像片段的上方，并修改其时间长度为1秒20帧，如图12-26所示。

图12-26

07　选择新添加的字幕片段，在"文本检查器"窗口的"文本"选项区中，输入文本"雪山美景"，然后在"基本"选区中，设置"字体"为"汉仪菱心体简"，设置"大小"为65，设置"字距"为12，具体如图12-27所示。

图12-27

08 展开"表面"选项区，设置"颜色"为红色，如图12-28所示。

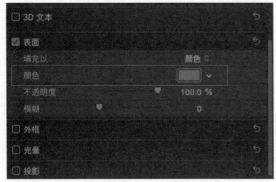

图12-28

09 勾选"投影"复选框，然后展开"投影"选项区，修改"颜色"为白色，如图12-29所示。

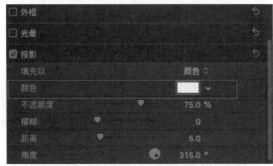

图12-29

10 完成字幕的添加与编辑后，在"监视器"窗口中将字幕移至合适的位置，并适当旋转字幕，效果如图12-30所示。

图12-30

11 选择基本字幕片段，将时间线移至00:00:02:04的位置，在"视频检查器"窗口的"复合"选项区中，设置"不透明度"参数为0%，单击"添加关键帧"按钮，添加一组关键帧，如图12-31所示。

图12-31

12 将时间线移至00:00:02:10的位置，在"视频检查器"窗口的"复合"选项区中，设置"不透明度"参数为100%，单击"添加关键帧"按钮，添加一组关键帧，如图12-32所示。

图12-32

13 将时间线移至00:00:03:15的位置，在"视频检查器"窗口的"复合"选项区中，设置"不透明度"参数为100%，单击"添加关键帧"按钮，添加一组关键帧，如图12-33所示。

图12-33

14 将时间线移至00:00:03:20的位置，在"视频检查器"窗口的"复合"选项区中，设置"不透明度"参数为100%，单击"添加关键帧"按钮，添加一组关键帧，如图12-34所示。

图12-34

15 将时间线依次移至合适的位置，选择基本字幕片段，执行"编辑"|"拷贝"命令，复制字幕，然后执行"编辑"|"粘贴"命令，将复制后的字幕粘贴至时间线所处位置，并依次修改复制后的字幕片段的时间长度，完成效果如图12-35所示。

图12-35

16 选择粘贴后的字幕效果，在"文字检查器"窗口的"文本"选项区中，输入新的文本内容，并修改字幕的填充颜色，然后在"监视器"窗口中移动字幕的位置，字幕完成效果如图12-36所示。

图12-36

17 将时间线移至00:00:17:18的位置，在"字幕和发生器"窗口的左侧列表框中，选择"字幕"选项，在右侧列表框中，选择"渐变3D"选项，如图12-37所示。

18 将选择的"渐变3D"选项添加至"磁性时间线"窗口的发生器片段的上方，并修改其时间长度为1秒22帧，如图12-38所示。

图12-37

图12-38

19 选择字幕片段，在"文本检查器"窗口的"文本"选项区中，输入文本"更多风景等你来看"，然后在"基本"选项区中，设置"字体"为"方正兰亭特黑简体"，设置"大小"为180，如图12-39所示。

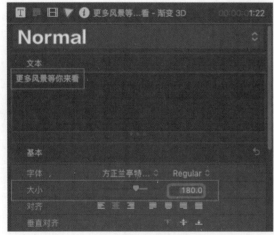

图12-39

20 取消勾选"3D文本"复选框，然后勾选"投影"复选框，展开"表面"选项区，修改"颜色"为黄色，如图12-40所示。

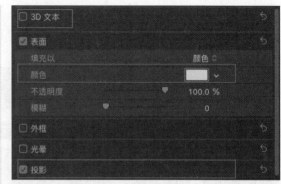

图12-40

21 完成字幕的添加与编辑后，在"监视器"窗口中将渐变3D字幕移至合适的位置，效果如图12-41所示。

图12-41

12.3　添加与编辑音乐

完成上述操作后，还需要为视频添加背景音乐，并对音乐进行相关的编辑处理，使影片效果更加完整。接下来讲解添加与编辑背景音乐的具体操作。

01 在"事件浏览器"窗口中选择音频素材，将其添加至"磁性时间线"窗口的图像片段下方，并修改其时间长度为19秒16帧，如图12-42所示。

02 将光标悬停在音频片段的左侧滑块上，待光标变为左右箭头的形状后，按住鼠标左键并向右拖曳滑块，添加音频渐变效果，如图12-43所示。

03 将光标悬停在音频片段的右侧滑块上，待光标变为左右箭头的形状后，按住鼠标左键并向左拖曳滑块，添加音频渐变效果，如图12-44所示。

图12-42

图12-43

图12-44

12.4 导出影片

在完成视频动画的制作后，如果满意视频效果，则可以将制作好的视频进行导出。接下来讲解导出影片的具体操作。

01 执行"文件"|"共享"|"母版文件（默认）"命令，如图12-45所示。

02 打开"母版文件"对话框，在"设置"选项卡的"格式"列表框中，选择"电脑"选项，在"分辨率"列表框中，选择"1920×1080"选项，单击"下一步"按钮，如图12-46所示。

图12-45

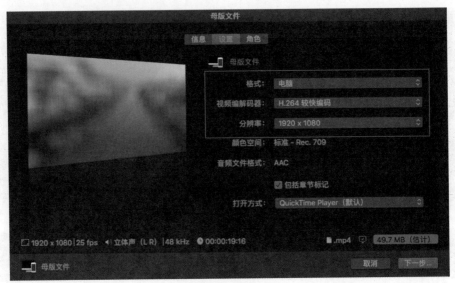

图12-46

03 打开"存储"对话框,设置好存储名称和存储路径,单击"存储"按钮,如图12-47所示,即可完成影片的导出操作。至此,本案例效果全部制作完成。

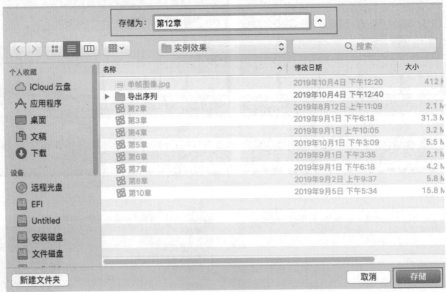

图12-47

在制作美食栏目宣传视频前，首先需要确定好视频的具体时长，根据内容编排搜集相关的美食素材。在制作过程中，需要明确事件和项目的制作要点，这有利于我们梳理项目视频的设计思路。

本章将通过实例的形式，详细讲解如何利用Final Cut Pro X制作一款美食栏目宣传视频。本案例完成效果如图13-1所示。

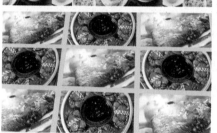

图13-1

13.1 制作片头效果

美食栏目片头效果主要是由发生器片段和字幕构成。在制作美食栏目片头效果时，可以通过"字幕和发生器"窗口来完成一系列操作。接下来，具体讲解本案例片头效果的操作方法。

01 执行"文件"|"新建"|"资源库"命令，新建一个名称为"第13章"的资源库。在"资源库"窗口的空白处右击，打开快捷菜单，选择"新建事件"命令，打开"新建事件"对话框，在"事件名称"文本框中输入"美食栏目宣传视频"，单击"好"按钮，如图13-2所示，新建一个事件。

02 在"事件浏览器"窗口的空白处右击，打开快捷菜单，选择"导入媒体"命令，打开"媒体导入"对话框，在"第13章"文件夹中，选择需要导入的图像、视频和音频素材，单击"导入所选项"按钮，即可将选择的媒体素材导入"事件浏览器"窗口，如图13-3所示。

图13-2

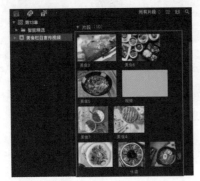

图13-3

03 在"字幕和发生器"窗口的左侧列表框中，选择"单色"选项，在右侧列表框中，选择"彩笔画"发生器片段，如图13-4所示。

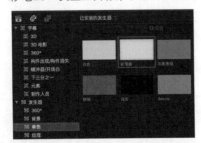

图13-4

04 将选择的"彩笔画"发生器片段添加至"磁性时间线"窗口的视频轨道上，并修改时间长度为3秒，如图13-5所示。

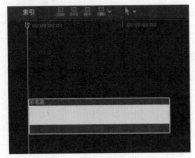

图13-5

05 在"字幕和发生器"窗口的左侧列表框中，选择"3D"选项，在右侧列表框中，选择"文本间距3D"选项，如图13-6所示。

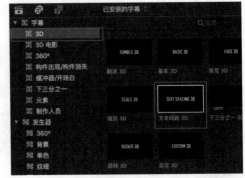

图13-6

06 将选择的"文本间距3D"选项添加至"磁性时间线"窗口的发生器片段上方，并修改时间长度为3秒，如图13-7所示。

图13-7

07 选择新添加的字幕片段，在"文本检查器"窗口的"文本"选项区中，输入文本"美食栏目宣传"，然后在"基本"选项区中，设置"字体"为"方正康体简体"，设置"大小"为247，如图13-8所示。

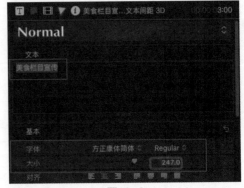

图13-8

08 取消勾选"3D文本"复选框，勾选"投影"复选框，然后展开"表面"选项区，设置"颜色"为红色，如图13-9所示。

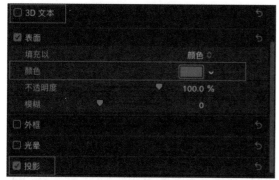

图13-9

09 完成字幕的添加与编辑后，在"监视器"窗口中可以预览当前画面效果，如图13-10所示。

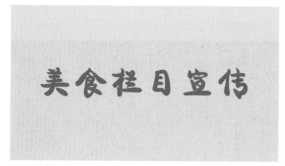

图13-10

13.2　制作主体效果

在制作好美食栏目宣传视频的片头效果后，接下来就需要着手制作视频的主体部分。通过在项目中融入美食图像，插入相关文案字幕，来展现美食的精粹与文化。下面讲解制作美食栏目主体效果的具体操作。

13.2.1　制作故事情节

01 在"事件浏览器"窗口中选择"美食5"图像素材，将其添加至"彩笔画"发生器片段的右侧，并修改其时间长度为2秒20帧，如图13-11所示。

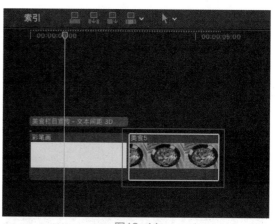

图13-11

02 在"效果浏览器"窗口的左侧列表框中，选择"光源"选项，在右侧列表框中，选择"高亮"滤镜效果，如图13-12所示。

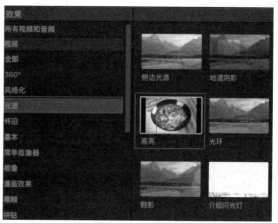

图13-12

03 将选择的"高亮"滤镜效果添加至"美食5"图像片段上，在"监视器"窗口中可预览添加滤镜后的图像效果，如图13-13所示。

图13-13

223

04 将时间线移至00:00:03:04的位置，选择"美食5"图像片段，在"视频检查器"窗口的"变换"选项区中，设置"缩放（全部）"参数为118%，然后单击"添加关键帧"按钮◇，添加一组关键帧，如图13-14所示。

图13-14

05 将时间线移至00:00:03:11的位置，在"视频检查器"窗口的"变换"选项区中，设置"缩放（全部）"参数为125%，然后单击"添加关键帧"按钮◇，添加一组关键帧，如图13-15所示。

图13-15

06 将时间线移至00:00:03:24的位置，在"视频检查器"窗口的"变换"选项区中，设置"缩放（全部）"参数为144%，然后单击"添加关键帧"按钮◇，添加一组关键帧；将时间线移至00:00:04:15的位置，在"视频检查器"窗口的"变换"选项区中，设置"缩放（全部）"参数为160%，添加一组关键帧，如图13-16所示，完成缩放关键帧动画的制作。

图13-16

07 在"事件浏览器"窗口中选择"美食8"图像素材，将其添加至"美食5"图像片段的右侧，并修改其时间长度为2秒19帧，如图13-17所示。

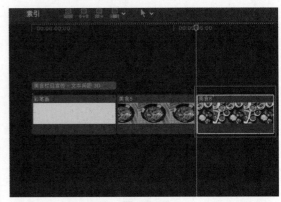

图13-17

08 选择"美食8"图像片段，在"视频检查器"窗口的"变换"选项区中，设置"缩放（全部）"参数为124%，如图13-18所示，即可缩放显示图像。

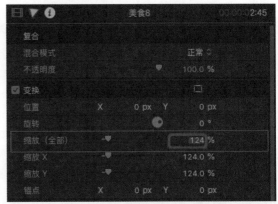

图13-18

09 在"效果浏览器"窗口的左侧列表框中，选择"拼贴"选项，在右侧列表框中，选择"拼贴"滤镜效果，将其添加至"美食8"图像片段上。

10 在"效果浏览器"窗口的左侧列表框中，选择"光源"选项，在右侧列表框中，选择"高亮"滤镜效果，将其添加至"美食8"图像片段上，添加滤镜后的图像效果如图13-19所示。

11 将时间线移至00:00:05:21的位置，在"视频检查器"窗口的"拼贴"选项区中，设置"Amount（数量）"参数为1，然后单击"添加关键帧"按钮◇，添加一组关键帧，如图13-20所示。

图13-19

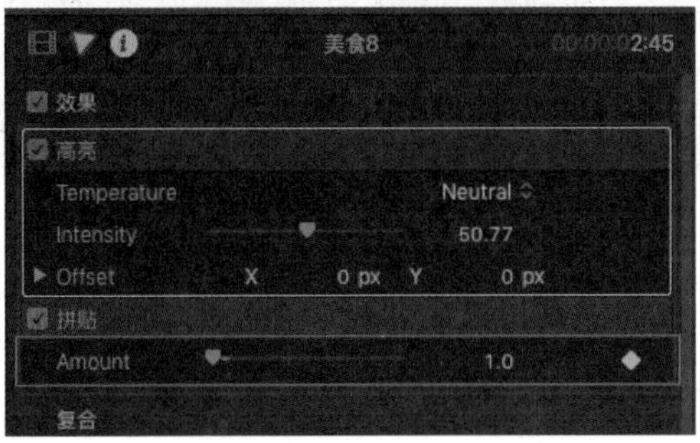

图13-20

12 将时间线移至00:00:06:04位置，在"视频检查器"窗口的"拼贴"选项区中，设置"Amount（数量）"参数为2，添加关键帧，如图13-21所示。

图13-21

13 将时间线移至00:00:06:23位置，在"视频检查器"窗口的"拼贴"选项区中，设置"Amount（数量）"参数2.5，添加关键帧，如图13-22所示。

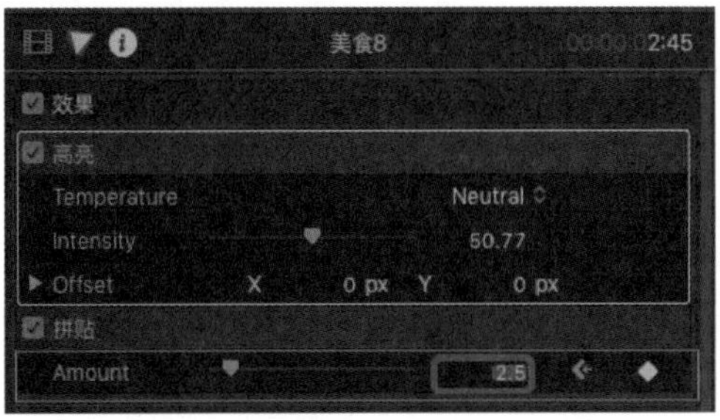

图13-22

14 在"事件浏览器"窗口中选择"美食4"图像素材，将其添加至"美食5"图像片段的右侧，然后修改其时间长度为3秒10帧，接着选择"美食4"图像片段，在"视频检查器"窗口的"变换"选项区中，设置"位置"参数为0px和-291.7px，设置"缩放（全部）"参数为158%，如图13-23所示。

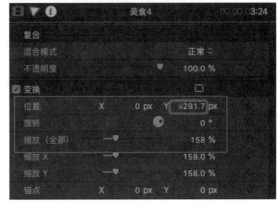

图13-23

15 在"效果浏览器"窗口中，选择"高亮"和"透视拼贴"滤镜效果，依次添加至"美食4"图像片段上，添加滤镜后的图像效果如图13-24所示。

图13-24

16 将时间线移至00:00:08:14位置，在"视频检查器"窗口的"透视拼贴"选项区中，设置"Top Left（左上方）"参数值为-0.2px和0.16px，设置"Top Right（右上方）"参数值为0.33px和0.24px，设置"Bottom Right（右下方）"参数值为0.25px和-0.18px，设置"Bottom Left（左下方）"参数值为-0.45px和-0.08px，然后单击"添加关键帧"按钮，添加一组关键帧，如图13-25所示。

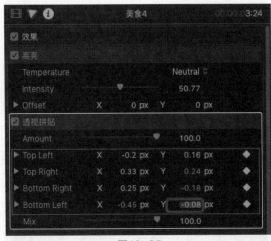

图13-25

17 将时间线移至00:00:09:00位置，在"视频检查器"窗口的"透视拼贴"选项区中，设置"Top Left（左上方）"参数值为-0.3px和0.16px，设置"Top Right（右上方）"参数值为0.24px和0.24px，设置"Bottom Right（右下方）"参数值为0.26px和-0.18px，设置"Bottom Left（左下方）"参数值为-0.43px和-0.08px，添加一组关键帧，如图13-26所示。

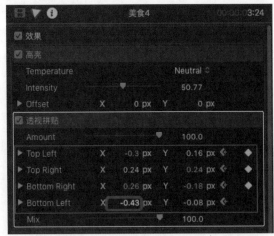

图13-26

18 将时间线移至00:00:09:18位置，在"视频检查器"窗口的"透视拼贴"选项区中，设置"Top Left（左上方）"参数值为-0.26px和0.16px，设置"Top Right（右上方）"参数值为0.25px和0.24px，设置"Bottom Right（右下方）"参数值为0.29px和-0.18px，设置"Bottom Left（左下方）"参数值为-0.41px和-0.08px，添加一组关键帧，如图13-27所示。

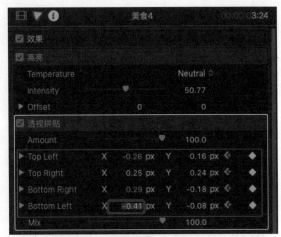

图13-27

19 将时间线移至00:00:10:16位置，在"视频检查器"窗口的"透视拼贴"选项区中，设置"Top Left（左上方）"参数值为-0.41px和0.16px，设置"Top Right（右上方）"参数值为0.26px和0.24px，设置"Bottom Right（右下方）"参数值为0.32px和-0.18px，设置"Bottom Left（左下方）"参数值为-0.38px和-0.08px，添加一组关键帧，如图13-28所示。

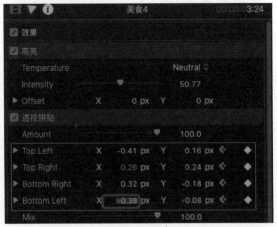

图13-28

20 在"事件浏览器"窗口中依次选择"美食3""美食2""美食7""美食1"和"美食6"图像素材，将它们添加至"磁性时间线"窗口的视频片段上，并统一将时间长度修改为1秒20帧，如图13-29所示。

21 选择添加的图像片段，依次在"视频检查器"窗口的"变换"选项区中，设置"缩放（全部）"参数值，修改图像的显示大小。接着，在"效果浏览器"窗口的左侧列表框中，选择"光源"选项，在右侧列表框中，选择"高亮"滤镜效果，如图13-30所示，将选择的滤镜效果分别添加到新添加的图像片段上。

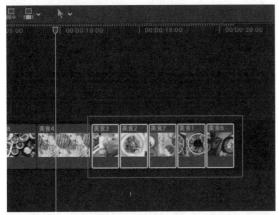

图13-29

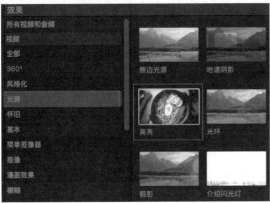

图13-30

22 在"转场浏览器"窗口的左侧列表框中，选择"叠化"选项，在右侧列表框中，选择"分割"转场效果，如图13-31所示。

图13-31

23 将选择的"分割"转场效果添加至"美食3"和"美食2"图像片段之间，并修改新添加转场效果的时间长度为2秒2帧，如图13-32所示。

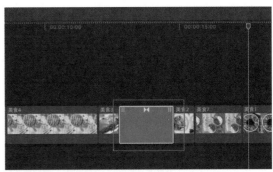

图13-32

24 使用同样的方法，在"转场浏览器"窗口中，选择"正方形"转场，将其添加至"美食2"和"美食7"图像片段之间，修改其时间长度为1秒4帧；选择"视频墙"转场，将其添加至"美食7"和"美食1"图像片段、"美食1"和"美食6"图像片段之间，修改其时间长度分别为1秒5帧和2秒；选择"交叉叠化"转场，将其添加至"美食6"图像片段的右侧末尾处，修改其时间长度为10帧，如图13-33所示。

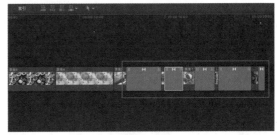

图13-33

25 将时间线移至00:00:10:22的位置，在"字幕和发生器"窗口的左侧列表框中，选择"单色"选项，在右侧列表框中，选择"白色"发生器片段，如图13-34所示。

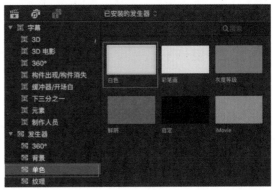

图13-34

26 将选择的"白色"发生器片段添加至图像片段的下方，并修改其时间长度为10秒3帧，如图13-35所示。

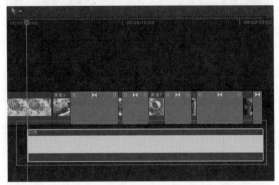

图13-35

27 在"监视器"窗口中，预览转场运动效果，如图13-36所示。

图13-36

13.2.2 制作形状和字幕

01 在"字幕和发生器"窗口的左侧列表框中，选择"元素"选项，在右侧列表框中，选择"形状"发生器片段，如图13-37所示。

02 将选择的"形状"发生器片段添加至"美食5"图像片段，并修改其时间长度为2秒20帧，如图13-38所示。

图13-37

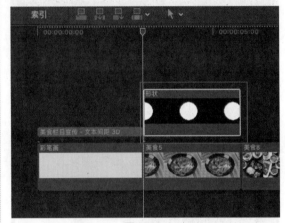

图13-38

03 选择形状片段，在"发生器检查器"窗口中，修改各参数值，如图13-39所示。

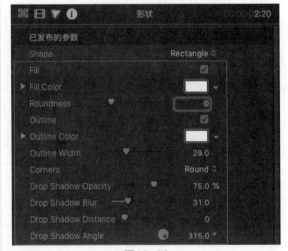

图13-39

04 将时间线移至00:00:03:00的位置，在"视频检查器"窗口的"复合"选项区中，设置"不透明度"参数为78.63%，然后在"变换"选项区中，设置"缩放X"参数为271%，设置"缩放Y"参数为100%，单击"添加关键帧"按钮◈，添加一组关键帧，如图13-40所示。

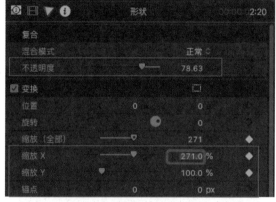

图13-40

05 将时间线移至00:00:03:23的位置，在"视频检查器"窗口的"变换"选项区中，设置"缩放X"参数为271%，设置"缩放Y"参数为66.7%，添加一组关键帧，如图13-41所示。

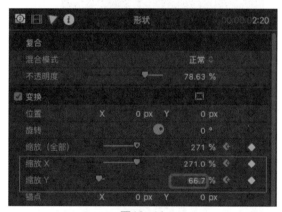

图13-41

06 将时间线移至00:00:04:21的位置，在"视频检查器"窗口的"变换"选项区中，设置"缩放X"参数为271%，设置"缩放Y"参数为25.42%，添加一组关键帧，如图13-42所示。

07 将时间线移至00:00:05:07的位置，在"视频检查器"窗口的"变换"选项区中，设置"缩放X"参数为271%，设置"缩放Y"参数为1.25%，添加一组关键帧，如图13-43所示。

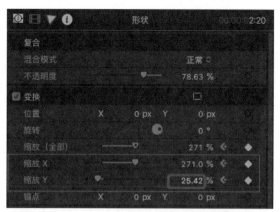

图13-42

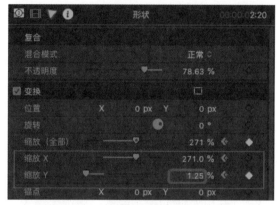

图13-43

08 将时间线移至00:00:05:14的位置，在"视频检查器"窗口的"变换"选项区中，设置"缩放X"参数为0%，设置"缩放Y"参数为0%，添加一组关键帧，如图13-44所示。

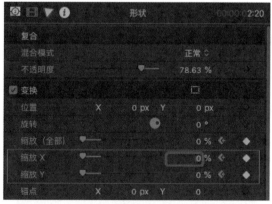

图13-44

09 在"字幕和发生器"窗口中，选择"形状"发生器片段，将其添加至"美食8"图像片段，并修改其时间长度为2秒19帧，如图13-45所示。

229

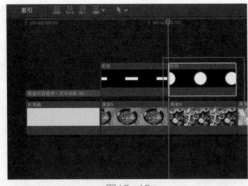

图13-45

⑩ 选择形状片段，在"发生器检查器"窗口
中，修改"Shape（形状）"为"Rectangle
（矩形）"形状，设置"Fill Color(填充颜
色)"和"Qutline Color（轮廓颜色）"为白
色，如图13-46所示。

图13-46

⑪ 选择形状片段，在"视频检查器"窗口的
"变换"选项区中，设置"缩放X"参数为
100%，设置"缩放Y"参数为88%，如图13-47
所示。

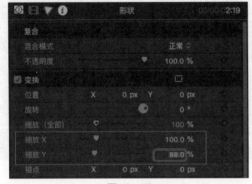

图13-47

⑫ 选择形状片段，在"监视器"窗口中将形状
片段移至合适的位置，参考效果如图13-48
所示。

图13-48

⑬ 选择形状片段，执行"编辑"|"拷贝"
命令，复制形状片段。将时间线移至
00:00:08:14的位置，执行"编辑"|"粘贴"
命令，粘贴形状片段，并修改其时间长度为3
秒10帧，如图13-49所示。

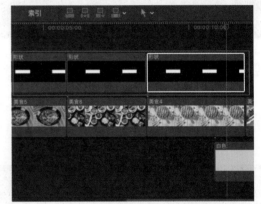

图13-49

⑭ 选择粘贴后的形状片段，在"监视器"窗
口中将形状片段移至合适位置，如图13-50
所示。

图13-50

⑮ 将时间线移至00:00:03:00的位置，执行"编
辑"|"连接字幕"|"基本字幕"命令，在形
状片段上添加基本字幕，并修改其时间长度
为2秒20帧，如图13-51所示。

⑯ 选择新添加的字幕片段，在"文本检查器"
窗口的"文本"选项区中，输入文本"经典

美食制作"，然后在"基本"选项区中，设置"字体"为"方正正中黑简体"，设置"大小"为112，如图13-52所示。

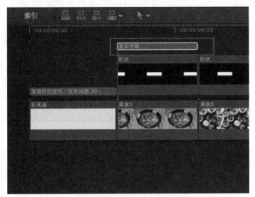

图13-51

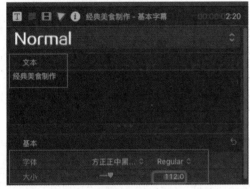

图13-52

17 在"表面"选项区中，设置"颜色"为黄色，如图13-53所示。

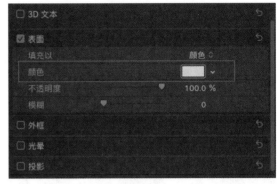

图13-53

18 选择新添加的字幕，在"监视器"窗口中，将字幕移至合适位置，效果如图13-54所示。

图13-54

19 选择新添加的字幕片段，执行"编辑"|"拷贝"命令，复制字幕片段，然后依次移动时间线位置，执行"编辑"|"粘贴"命令，粘贴字幕片段，并修改字幕片段的时间长度，完成效果如图13-55所示。

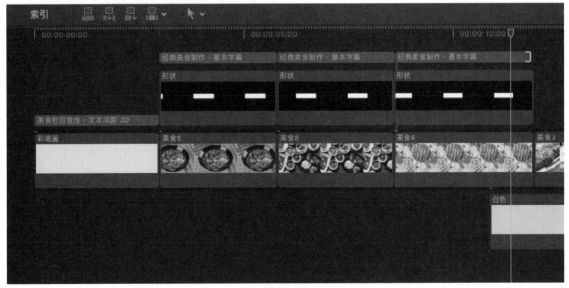

图13-55

20 选择粘贴后的字幕效果，在"文字检查器"窗口的"文本"选项区中，输入新的文本内容，并修改字幕的填充颜色，然后在"监视器"窗口中移动字幕的位置，字幕效果如图13-56所示。

图13-56

13.3 制作片尾效果

片尾效果用于展示美食栏目，宣传视频结尾的内容，添加片尾效果，可以让整个影片看上去更加完整、协调。下面讲解制作片尾效果的具体操作。

01 在"事件浏览器"窗口中选择"视频"视频片段，将其添加至"美食6"图像片段的右侧，并修改其时间长度为1秒21帧，如图13-57所示。

02 在"字幕和发生器"窗口的左侧列表框中，选择"3D"选项，在右侧列表框中，选择"渐变3D"字幕选项，如图13-58所示。

03 将选择的"渐变3D"字幕选项添加至"视频"视频片段上，并修改新添加字幕片段的时间长度为1秒16帧，如图13-59所示。

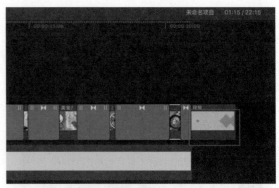

图13-57

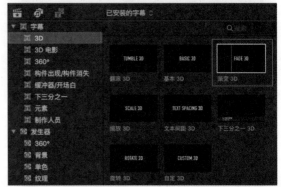

图13-58

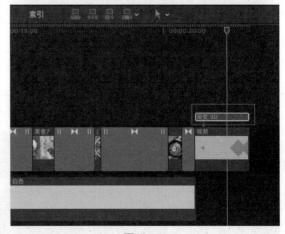

图13-59

04 选择新添加的字幕片段，在"文本检查器"窗口的"文本"选项区中，输入文本"品尝天下美食 体验百味人生"，然后在"基本"选项区中，设置"字体"为"汉仪菱心体简"，设置"大小"为178，如图13-60所示。

05 取消勾选"3D文本"复选框，勾选"投影"复选框，在"表面"选项区中调整"颜色"为白色，如图13-61所示。

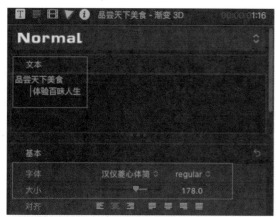

图13-60

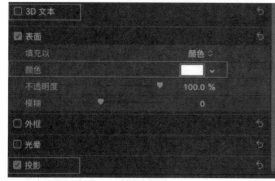

图13-61

06 选择新添加的字幕，在"监视器"窗口中，将字幕移至合适的位置，效果如图13-62所示。

图13-62

13.4 添加与编辑音乐

完成上述操作后，还需要为视频添加背景音乐，并对音乐进行相关的编辑处理，使影片效果更加完整。接下来就为大家讲解添加与编辑背景音乐的具体操作。

01 在"事件浏览器"窗口中选择音频素材，将其添加至"磁性时间线"窗口图像片段的下方，并修改其时间长度为22秒15帧，如图13-63所示。

02 将光标悬停在音频片段的左侧滑块上，待光标变为左右箭头的形状后，按住鼠标左键，并向右拖曳滑块，添加音频渐变效果，如图13-64所示。

03 将光标悬停在音频片段的右侧滑块上，待光标变为左右箭头的形状后，按住鼠标左键，并向左拖曳滑块，添加音频渐变效果，如图13-65所示。

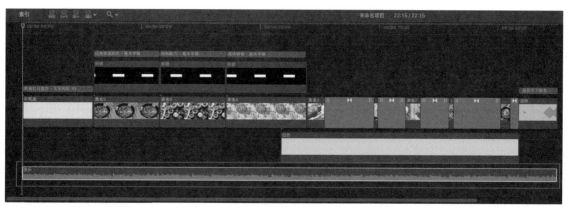

图13-63

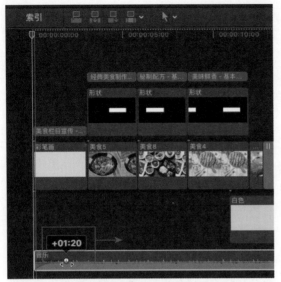

图13-64

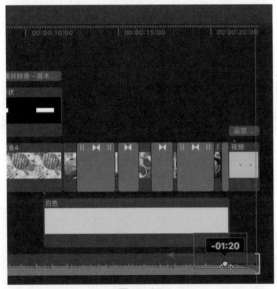

图13-65

13.5 导出影片

在完成视频的制作后，如果满意视频效果，则可以将制作好的视频导出。接下来将为大家讲解导出影片的具体操作。

01 执行"文件"|"共享"|"母版文件（默认）"命令，如图13-66所示。

02 打开"母版文件"对话框，在"设置"选项卡的"格式"列表框中，选择"电脑"选项，在"分辨率"列表框中，选择"1920×1080"选项，单击"下一步"按钮，如图13-67所示。

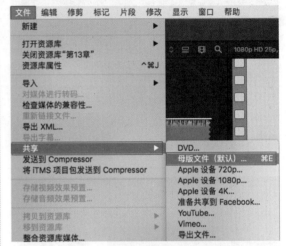

图13-66

图13-67

03 打开"存储"对话框，设置好存储名称和存储路径，单击"存储"按钮，如图13-68所示，即可完成影片的导出操作。至此，本案例效果全部制作完成。

图13-68